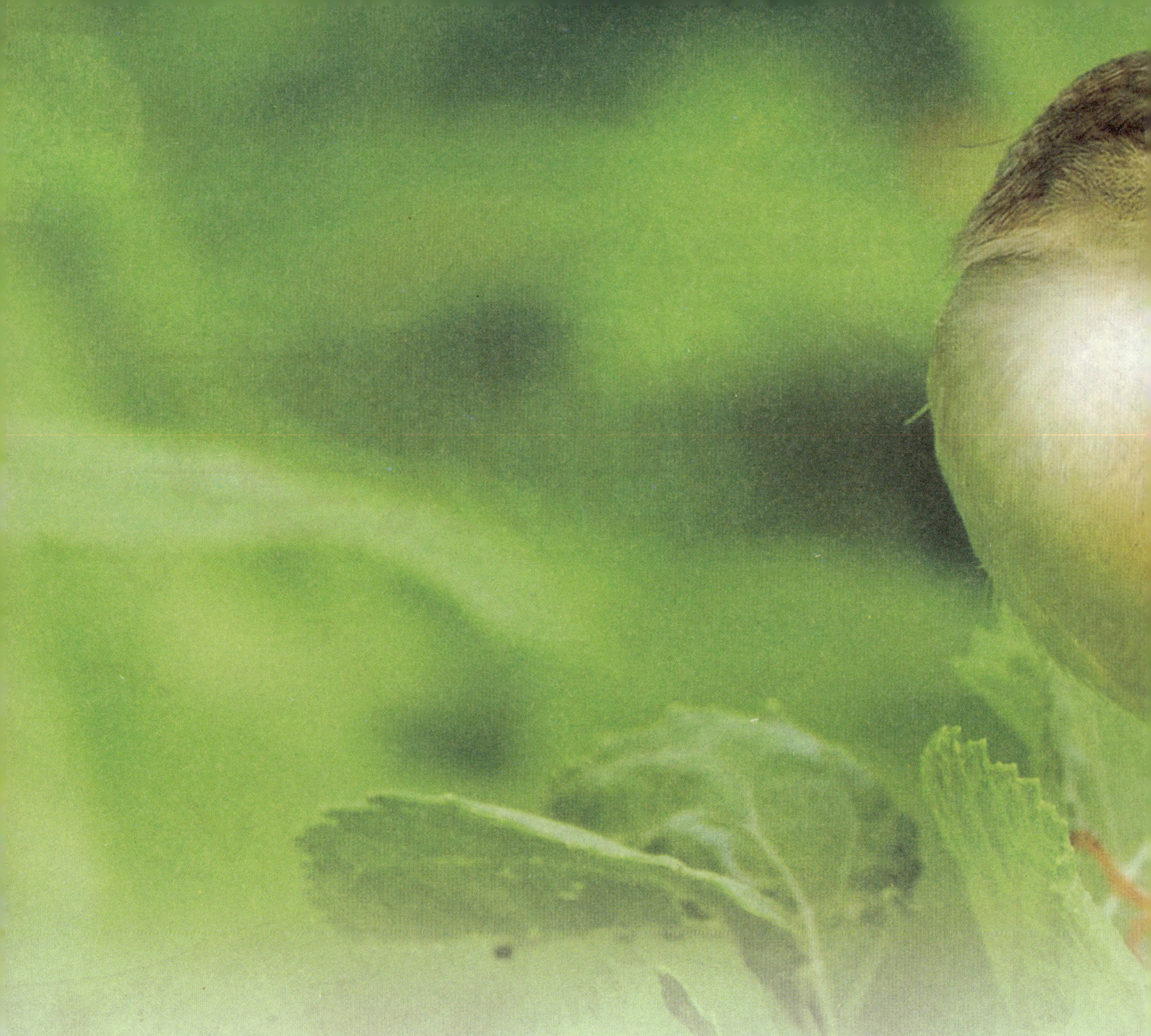

目 录

目

录

鸟类的起源

"世界上的生物，没有比鸟更俊俏的。多少样不知名的小鸟，在枝头跳跃，有的曳着长长的尾巴，有的翘着尖尖的长喙，有的是胸襟上带着一块照眼的颜色，有的是飞起来的时候才闪露一下斑斓的花彩。几乎没有例外的，鸟的身躯都是玲珑饱满的，细瘦而不干瘪，丰腴而不臃肿，真是减一分则太瘦，增一分则太肥那样的秾纤合度，跳荡得那样轻灵，脚上像是有弹簧。看它高踞枝头，临风顾盼——好锐利的喜悦刺上我的心头。"这是中国著名作家梁实秋对鸟的描写，是否也让你想起了某天清晨飞过窗前掠过心际的那只不知名的小鸟。

鸟类由爬行动物进化而来，世界上现存的鸟类有9000多种，它们都有翅膀和羽毛，就连那些已经失去飞行能力的鸟类（如鸵鸟、企鹅等）也不例外。鸟类的羽毛形状各异、色彩繁多，不仅有助于鸟类保持体温，还有利于鸟类的飞行。绝大多数鸟类具有飞行能力，因此能主动迁徙以适应多变的生存环境。鸟类能保持较高且恒定的体温，以满足飞行时能量的需要，特殊的肺部构造使它们能持久地飞行而不会感到呼吸困难。鸟类没有牙齿，却长有角质的喙，鸟喙可用于捕食、筑巢和梳理羽毛。鸟类善于筑巢，它们能用搜集到的各种材料建造各式各样的巢。

鸟类通常是带羽毛、卵生的脊椎动物，有极高的新陈代谢速率，长骨多是中空的，所以大部分的鸟类都可以飞。鸟类最先出现在恐龙灭绝之后，爬虫类和鸟类的始祖究竟是什么生物，在古生物学家中仍很有争议。

最早的鸟类大约出现在数千万

年前。它们的身体呈纺锤形、前肢特化为翼，体表有羽毛，体温恒定，肌胸发达，骨骼愈合、薄、中空，脑比较发达。有气囊可以进行双重呼吸，没有膀胱、直肠不能储存粪便则可以减少身体重量。这些身体特征都很适应飞翔。

鸟类可能是由兽脚亚目恐龙进化而来。最早的鸟类表现出与恐龙中的驰龙科有明显的相似性。鸟类新生代开始发展且与现代鸟类的结构无明显差别。在适应于多变环境条件的同时，鸟类发生了对不同生活方式的适应辐射。

鸟类是由古爬行类动物进化而来的适应飞翔生活的高等脊椎动物。它们的形态结构除许多和爬行类相同外，也有很多不同之处。这些不同之处一方面是在爬行类的基础上有了较大的发展，具有一系列比爬行类高级的进步性特征。如有高而恒定的体温，完善的双循环体系，发达的神经系统和感觉器官以及与此联系的各种复杂行为等；另一方面为适应飞翔生活而又有较多的特化，如体呈流线型，体表被羽毛覆盖，前肢特化成翼，骨骼坚

这一系列的特化,使鸟类具有很强的飞翔能力,能进行特殊的飞行运动。

根据化石研究,史前时代的始祖鸟被认为是最早的飞行鸟类,它在许多方面已显现鸟的一些雏形,例如全身长有羽毛和翅膀,具有明显的叉骨等。这些证据表明,鸟类的飞行能力应该是伴随着一系列亲缘动物的进化发展而逐渐形成的。

鸟类的祖先之谜困扰了人类100多年。100多年前,有人估计鸟类可能是由恐龙变来的。但在以往的发现和研究中,从未发现任何鸟类以外的动物身上有羽毛。直到后来"热河生物群"的发现才最终证实了这种推断。辽西丘陵地带和冀北地区,旧称"热河"。一个世纪前,人类在这里发现了数量极多的鱼类化石。到目前为止,这一地带已发现植物化石60多种、无脊椎动物上千种、脊椎动物70种。科学家将这里称为"热河生物群"。科学家还断定,1亿多年前,这里山川秀

固、轻便,同时具有气囊和肺,气囊是供应鸟类在飞行时有足够氧气的构造。气囊的收缩和扩张跟翼的动作协调。两翼举起,气囊扩张,外界空气一部分进入肺里进行气体交换。另外大部分空气迅速地经过肺直接进入气囊,未进行气体交换,气囊就把大量含氧多的空气暂时贮存起来。两翼下垂,气囊收缩,气囊里的空气经过肺再一次进行气体交换,最后排出体外。这样,鸟类每呼吸一次,空气在肺里进行两次气体交换,可见,气囊没有气体交换的作用,它的功能是贮存空气,协助肺完成呼吸作用。气囊还有减轻身体比重、散发热量、调节体温等作用。

丽、水草丰美，生物极多。因为频繁的火山活动，动植物周期性地被火山喷出物和河流沉积物覆盖，化石才得以很好地保存下来。

从1996年起，古生物学家相继在热河生物群化石带发现了中华龙鸟、原始祖鸟、尾羽龙、北票龙、中国鸟龙、小盗龙、原羽鸟等恐龙化石尾部或前肢上长有绒毛状羽毛，尤其是原始祖鸟的尾巴上，长满了装饰性的扇状羽毛，表明了羽小肢的存在。这些保存完好的化石，显示了鸟类的肩带、翅膀、龙骨突等身体形态的进化过程。科学家们据此认为，现代的鸟类就是恐龙的后代。

始祖鸟生活于侏罗纪的启莫里阶，距今有1.55亿到1.5亿年前，因此也被人评为世界上最早区分性别的鸟（现在已经发现了更早的，但大部分

书本还没有改变）。这些标本大多只在德国境内发现。随着研究的深入，始祖鸟凸显出更多恐龙的特征，因此，现在也有很多科学家将它看成是恐龙到鸟类的一个连接物种。

始祖鸟约为现今鸟类的中型大小，有着阔及于末端圆形的翅膀，并比体型较长的尾巴。整体而言，始祖鸟可以成长至1.2米长。它的羽毛与现今鸟类羽毛在结构及设计上相似。但是除了一些与鸟类

相似之处外，还有很多兽脚亚目恐龙的特征：它有细小的牙齿可以用来捕猎昆虫及其他细小的无脊椎生物。始祖鸟亦有长而骨质的尾巴，及它的脚有三趾长爪，其中一个趾类似盗龙的第二趾。这些不像现今鸟类有的特征，却与恐龙极为相似。

由于始祖鸟有着鸟类的特征和恐龙的体态及生理结构，始祖鸟一般被认为是它们之间的连结：可能是第一种由陆地生物转变成鸟类的生物。上世纪70年代，约翰·奥斯特伦姆指出鸟类是由兽脚亚目恐龙演化而来，而始祖鸟就是当中最重要的证据。它保有一些鸟类的特征，例如叉骨、羽毛、翅膀。它亦有一些恐龙特征，例如长的距骨升突、齿间板、坐骨突、头顶上眶前孔内的小骨头及人字形的长尾巴。奥斯特伦姆亦发现始祖鸟与驰龙科有很显著的相似。

始祖鸟的首个遗骸是在达尔文发表《物种起源》之后两年的1862年发现。始祖鸟的发现似乎确认了达尔文的理论，并从此成为恐龙与鸟类之间的关系、过渡性化石及演化的重要证据。在戈壁沙漠及中国就恐龙的进深研究也提供了更多证据证明始祖鸟与恐龙的关系，它被称

为长有羽毛的恐龙。因此它与当时鸟类的分歧程度仍有疑义。另外，比始祖鸟更接近今鸟的恐龙已被发现。

同许多古代生物的名字一样，始祖鸟的名字——Archaeopteryx也来源于希腊文，"archaeo"的意思是"古代的"，而"pteryx"则是"翅膀"的意思。所以"Archaeopteryx"直译为"古代的翅膀"，当然，应当翻译为"长着古代翅膀的生物"更合适，如古翼鸟。但始祖鸟并不是现代鸟类的始祖。

保存下来的每件远古鸟类化石都价值连城。而且越是古老，化石的价值就越大，始祖鸟从年代上看，确实是人们发现的最古老的鸟类，它生活在侏罗纪。因此人们在教科书中记录了这样一句话：始祖鸟是最早的鸟类。但是现在，科学家们都认为始祖鸟是恐龙。

把始祖鸟划到虚骨龙家族中，主要是因为它的羽毛。我们用肉眼观察一根羽毛时，看到的是一条中空的茎的两边伸展出排列整齐的"毛发"，似乎结构很

简单。只有当我们把羽毛拿到显微镜下观察时，我们才发现，每一条细小的"毛发"上面，还有许多复杂的结构，枝杈纵横，并且有钩状物相连。这是鸟类不具备而恐龙的羽毛才有的特征。所以，确定一块化石是否属于虚骨龙的，要从显微结构上看化石上是否有虚骨龙羽毛独特的细微结构。始祖鸟的羽毛展现出了这些细微的特征，因此理所当然地成为虚骨龙家族的成员。有人说它就是现代所有鸟类的老祖宗，这种说法不准确，随着对始祖鸟研究的深入，科学家们越来越倾向于将恐龙视为鸟类的直接祖先。

目前，世界上只发现10例始祖鸟的化石，第十例化石表示始祖鸟属于驰龙，正是它进化出了迅猛龙与恐爪龙。

驰龙样子古怪——只有1.8米长，两条腿很细，中间靠内的脚趾上长着镰刀形的爪，尾很长，有成束的棒状骨，使尾巴变得僵硬。但是，真正让这个生物不同寻常的不是它的身体框架，而是外覆的东西：它从头到脚都覆盖着松软的绒毛和原始羽毛。自从一个国际研究小组的成员4月份宣布他们在中国东北发现了一块有1.3亿年历史的化石以后，有些古生物学者一直在欢呼雀跃。这种满身羽毛的生物可能证明鸟类直接从恐龙进化而来：科学家已经为此激烈争论了几十年。过去人们也曾发现驰龙。但是此前，由于化石保存得不够完好，科学家一直不能确定它是否长有羽毛。这只全身长满羽毛的恐龙是迄今为止表明恐龙是鸟类直接祖先的最好证据。

但是，对于那些认为鸟类与恐龙在进化谱系中属不同分支的古生物学家来说，这项发现或许会让他们失望。尽管如此，他们尚未放弃。他们指出，还存在另一种可能性：恐龙和鸟类或许都有羽毛，因为它们拥有共同的祖先。因此，这项发现并未结束关于鸟类与恐龙到底是否存在关系的争论。但是，它却引出了羽毛起初有何作用的新理论。驰龙尽管长着羽毛，但从解剖学上看显然不会飞。有些专家提出，它的羽毛或许只用于保暖。

鸟类的特征

鸟类和地球上其他生物有很大的不同，它们常常被称为最美丽的生物，是灵巧和聪慧的代名词，那么鸟类有一些什么与众不同的特征呢？

飞行 〉

绝大多数鸟类具有飞行能力，它们借助飞行去觅食或迁徙，以适应多变的环境。鸟类的飞行能力与其身体的多种独特构造密切相关。

• 适于飞行的生理结构

鸟类具有发达的胸肌，胸肌的收缩与舒张带动翅膀上下扇动。鸟类的主要骨骼多为中空，坚而轻，以减体重。鸟类进行双重呼吸，除呼吸系统进行呼吸外，气囊也参与呼吸。气囊充满气体，能增加体内的空气容量。鸟类飞得越快，呼吸作用就越强，氧的供应量也就越多，血液中数目众多的红血球的携氧机能就更旺盛，以满足鸟在飞行时新陈代谢的需求。

• 飞行方式

不同的鸟类因其身体结构和生活习性的不同而采取不同的飞行方式。有的鸟能借助波涛或峭壁上产生的热气流向上滑翔，如海鸟；大型猛禽能长时间不扇动翅

膀，而借助天然的热气流在空中翱翔，急速拍翅时还能发出哨音；有的鸟以盘旋的方式直上直下地飞行，甚至能背向飞行，

如蜂鸟。

鸟是两足、恒温、卵生的脊椎动物，身披羽毛，前肢演化成翅膀，有坚硬的喙。鸟的体型大小不一，既有很小的蜂鸟，也有巨大的鸵鸟和鸸鹋。

目前全世界为人所知的鸟类一共有9000多种，光中国就记录有1300多种，其中不乏中国特有鸟种。有120—130种鸟已绝种，与其他陆生脊椎动物相比，鸟是一个拥有很多独特生理特点的种类。

鸟的食物多种多样，包括花蜜、种子、昆虫、鱼、腐肉或其他鸟。大多数鸟是日间活动，也有一些鸟（例如猫头鹰）是夜间或者黄昏的时候活动。许多鸟都会进行长距离迁徙以寻找最佳栖息地（例如北极燕鸥），也有一些鸟大部分时间都在海上度过（例如信天翁）。

大多数鸟类都会飞行，少数平胸类鸟不会飞，特别是生活在岛上的鸟，基本上失去了飞行的能力。不能飞的鸟包括企鹅、鸵鸟、几维（一种新西兰产的无翼鸟），以及绝种的渡渡鸟。当人类或其他哺乳动物侵入到它们的栖息地时，这些不能飞的鸟类将更容易遭受灭绝，例如大的海雀和新西兰的恐鸟。

- ● 羽毛

鸟类是地球上唯一长有羽毛的动物。鸟类体表的绝大部分被羽毛覆盖，羽毛不仅能使鸟类保持恒定的体温，还能使鸟类飞行。鸟类的羽毛形状各异。

- ● 羽毛的结构

一片羽毛的中央有一根硬轴，称为羽轴，上端羽片部分称为羽干，下端插入皮肤的部分称为羽根。羽干两侧长有羽片，羽片由一种称为角朊的坚韧物质组成，羽片又由羽枝和羽小枝构成。

- ## 羽毛的生长

羽毛是由鸟类皮肤上的羽毛滤泡泡囊里长出来的，各部分以一种特殊的方式组合在一起。大多数鸟每年至少换羽一次，即新羽毛长出，旧羽毛脱落。鸟类通过换羽更新已经受损的羽毛。

- ## 羽毛的新生

鸟类通常每年换羽两次，这说明羽毛具有强大的再生能力。科学研究表明，羽毛滤泡泡囊壁上环状分布着羽毛干细胞，

这种干细胞能增殖分化，分化的细胞往上生长，而产生了羽毛。羽毛干细胞的增殖分化使鸟类的整个羽毛器官不断生长和再生。

- ## 羽毛的类型

鸟类的羽毛大致可分为 4 种类型：体羽、绒羽、尾羽和翼羽。体羽覆盖全身，组成鸟类光滑的流线型体表；绒羽蓬松，能使暖空气不致很快散去；尾羽和翼羽较有力，用于飞行。

- ## 羽毛的梳理

鸟类通常用它们的喙梳理羽毛，使每根羽枝和羽小枝恢复到原位，使羽毛干净顺滑。同时，鸟类在梳理羽毛的过程中，也能清除隐藏在羽毛中的寄生虫，从而使羽毛能正常生长。

鸟的视觉 ❯

"鸟道"是形容山路非常险峻狭窄，只有飞鸟才能够度过。唐代大诗人李白在《蜀道难》一诗中，就有"西当太白有鸟道，可以横绝峨眉巅"的描述。

"鸟瞰"是常见的一个词语，是指从高处俯视地面景物的意思，这个词语反映了鸟类的视觉是很敏锐的。

鸟类所以能具有这样完善的飞翔和视觉能力，是跟鸟类神经系统和感觉器官的高度发达有关。鸟类的脑比爬行动物发达得多，其中大脑、小脑（为运动的协调和平衡中枢）和视叶（鸟类的中脑充满了视神经，构成视叶）都很发达，这是跟飞翔相适应的特点。因为在飞行中，不仅需要准确调节运动的能力，而且也需要敏锐的视觉。

根据研究，鸟眼的相对大小，在脊椎动物中是占第一位；视觉的敏锐程度，在脊椎动物中也是首屈一指的。

鸟眼有很好的防尘防干"装置"，这就是具有眼睑和瞬膜。瞬膜是一种近于透明的膜，鸟类在飞翔时，可以用瞬膜将眼球遮覆起来。这样，就可以防尘和防干。

鸟眼还有很好的防压"装置"，这就是在巩膜中具有许多称为巩膜骨的骨片。这种骨片对眼球起了很好的"支架"作用，使鸟类在飞翔时，眼球不会因气流

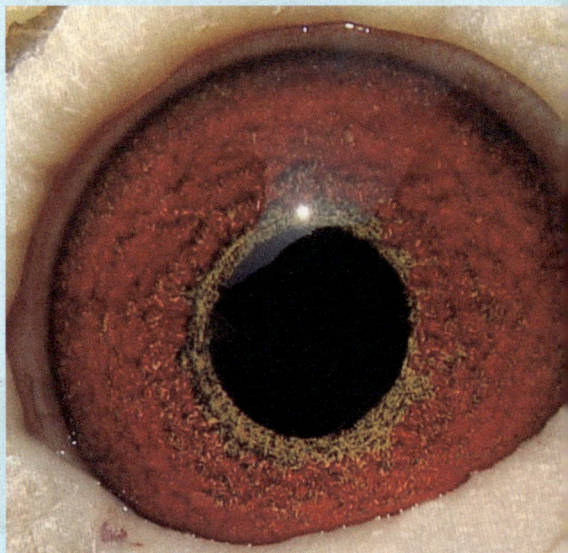

的压力而变形。

要了解鸟眼的秘密，我们先要研究视觉形成的过程——从外界物体上反射来的光线，由瞳孔进入眼里，再经过晶状

17

体等的折射作用，在视网膜上成像，物像刺激了视网膜上的感光细胞，使感光细胞兴奋，兴奋沿视神经传入大脑的视觉中枢，就产生了视觉。

科学家将鹰眼的构造跟人眼的构造进行了比较，发现鹰眼的视网膜上有两个中央凹，即视觉最灵敏的区域，而人的每只眼睛中只有一个中央凹；鹰眼中央凹的感光细胞每平方毫米多达100万个左右，而人眼仅约15万个。所以鹰眼比人眼敏锐。例如高飞的秃鹫能够看到数千米以外的死尸；游隼能够看到距离1千米以外的斑鸠；翱翔在高空的老鹰，不仅能够发现地面上的小鸡，还能突然俯冲而下将小鸡抓走；在空中疾飞的燕子，能迅速、准确地捕捉昆虫……

鸟类的眼球是扁圆形的，适于远视。但是，鸟类的眼内却具有神奇的"双重调节"（一是以睫状肌的收缩来改变水晶体的形状和水晶体与角膜间的距离；二是改变角膜的凸度）的能力。能在一瞬间把"远视眼"调节为"近视眼"。所以，在高空中疾冲而下的老鹰，能在片刻间迅速而准确地抓走猎物。

猫头鹰是夜出活动的猛禽，它的眼睛又有特殊的构造。原来视网膜上的感光细胞有两种，一种是锥状细胞，另一种是柱状细胞。锥状细胞可以感受强光，柱状细胞能感受弱光。有些白天出来活动的鸟类，它们视网膜上的感光细胞主要是锥状细胞，能感受强光的刺激，因此白天能见物，夜里不能见物。猫头鹰的视网膜上，主要是由柱状细胞所组成，对弱光感受特别灵敏。因此，猫头鹰白天视力很差，只能躲着不动。一到了夜里，这个"夜猫子"就出来活动了。

鸟眼这种巧妙的构造和神奇的功能，引起了人们极大的兴趣和注意。在鸟眼的启发下，科学家们模拟制作如电子鸽眼、电光鹰眼等产品，以应用于国防建设。

鸟的触觉 〉

科学家首度发现并论证鸟类的羽毛具有触觉功能。

须海雀是一种披着数根长头羽的华丽无比的海雀，科学家一直认为这些头羽只是中看不中用的装饰，专用来挑逗异性（类似雄孔雀），然而科学家观察发现，须海雀能利用头部的羽毛当"盲杖"，并通过敲击它来感应黑暗中的环境。

• 用头部羽毛当盲杖的须海雀

须海雀大多分布在北太平洋阿留申群岛和千岛群岛上，它是夜行性海雀，其头部装饰在已知的 6 种海雀中最多，可以用"华丽"二字形容。在须海雀眼睛上部和下部长有多根白色的长羽毛，在额头顶部还有一根玄色羽毛向外凸出翘着。须海雀会把巢构建在火山岩石中，并有一条通往外面的狭长通道，通道的四壁是坚硬的岩石，而它们也只在入夜的时候进入和离开巢穴。

人们普遍以为须海雀锦绣的羽毛仅仅具有装饰作用，但生物学家们通过实验发现须海雀能利用头部的羽毛当作黑暗中的"盲杖"，通过敲击它来感应黑暗中的环境。加拿大纽芬兰纪念大学的科学家萨姆巴斯·森维拉特与伊恩·琼斯对这种鸟进行了研究。他们在研究前猜想，须海雀的面部羽毛如此不同凡响，可能有什么特殊的用途，例如在黑暗中为它们辨别方向。

为了论证这个猜想，他们首先在阿拉斯加阿留申群岛中的一小岛上逮到99只正在回巢的须海雀。接着他们将这些鸟放入了与其鸟巢内部结构相同的木制"迷宫"中，然后利用红外线视频照相机进行观察。

实验中他们仔细观察须海雀躲避脑袋上方障碍物的全过程，并记实它们头部撞到障碍物的次数。研究职员总共实验了3次，第一次科学家们将须海雀头上的羽毛遮住，使羽毛与外界隔绝；第二次遮住须海雀的头部，并把头部的羽毛露出；第三次没有遮挡任何部位。结果发现当须海

19

雀头部羽毛被遮住时，脑袋被撞击的次数是头部羽毛没有被遮住时的两倍多。

加拿大安大略省皇后大学的科研职员罗伯特·蒙哥马利一直从事鸟类装饰性羽毛的进化研究，他说："这个发现很新颖、很有趣，我以为这是对羽毛具有触觉功能的首次研究论证。"

据悉，须海雀头部的白色羽毛就像一根突起的长钉子，被称作"嘴裂刚毛"，虽然此前多位科学家都预测到它可能具有触觉功能，但是几乎无人对此进行过实验论证。加拿大科学家论证鸟类羽毛具有触觉功能的实验意义重大，为今后研究鸟类羽毛功能提供了重要依据。

鸟类的语言 ⟩

鸟类的鸣声和形态特征一样，具有物种的特性。但是与形态特征相比，鸣声更具有个体的特异性，因此鸣声往往被用来鉴别物种，并用于个体的判别。鸟类的鸣声变化很大，有些物种简单，有些物种十分复杂，但是它们都蕴藏了不同的生物学信息。不同个体的鸟类可以通过不同的声音的不同变化来表达个体之间的行为通讯，充当了通信讯号的功能，因此它具有语言的功能，是一种特殊的"语言"。

鸟类发声不同于人类，人类用喉头发声，而鸟类依靠鸣管和鸣肌发声。鸟类的鸣声包括鸣唱和鸣叫。鸣叫指鸟类发出的各种各样较短促、较简单的鸣声，雌雄个体在全年内都会发出，例如飞行鸣叫、觅食鸣叫、筑巢鸣叫、集群鸣叫、报警鸣叫、悲伤鸣叫等。而鸣唱则是一般由雄鸟在繁殖期内发出的持续时间较长的、相对较复杂的鸣声，具有两大主要功能：宣告领域和吸引配偶。例如欧洲的苍头燕雀具有12种成体的鸣声，其中有7种仅用于繁殖季节——雄性使用6种，雌性使用1种，这些鸣声的功能包括宣告领域

传、生理、学习因素有关，还受社会行为和栖息环境的影响。这些复杂的相互作用促使了鸟声具有复杂性和多样性。鸟类鸣声形成和发展与人类语言发展几乎相同。雏鸟在发育过程中，向自己的父亲或者邻居学习发声，并根据自己的听觉反馈，不断地进行发声练习。

所有权、吸引配偶、标示个体的特征（质量、年龄、性别、能力）。警告潜在危险以及保持社群关系等。有些鸟只在交配前及交配后发出鸣唱，这是婚配仪式不可缺少的一部分。

鸟声具有物种的特异性，不同物种具有不同的鸣声。鸟类可以识别同种鸣声以避免杂交，维持种的独立性。许多实验都证明鸟类对其本种的鸣声应答最强烈。发声是鸟类的一种行为，不仅与遗

鸟类发声就像是人类的个人签名一样，具有个体独立性，可进行个体识别，并暗含着社会地位、一夫一妻及家庭关系的交流。鸣唱的音调、短句结构、句法和组成的详细内容可提供个体资料使鸟类能够认出后代、双亲、配偶及邻居。例如某些群集海鸟可使用独一无二的发声从群体中找到它们的配偶和子女。个体发声的差异还可使鸟类能够分辨出邻居和陌生鸟并做出应答：领域性的雄性对入侵的陌生者反应强烈，而对邻居们则显得默然。较为有意义的研究是根据声音的稳定性，通过某些特定的声学参数对个体进行"标记"，或者根据有些鸟种雌雄间鸣

声差异来鉴定雌雄、识别个体，从而达到监测某些种群、个体的目的。

鸟类鸣唱曲目的复杂性源于鸟类发声器官特定结构的复杂性和神经系统的协调作用，鸣唱的表现形式同时受多种因子影响，并可根据改变的环境进行适应性调节。例如，环境质量（包括营养、污染、竞争压力等）会直接影响鸟类发声核团——如高级发声中枢的发育，进而引起有关个体鸣声的变化。从行为学和生态学观点来看，许多鸟类因具有鸣唱学习能力而导致鸣唱得以传承。声音模式由于遗传而建立，因经历而改进，其复杂性的表达受生物因子和非生物因子的影响。从解剖学角度来讲，个体间发声器官结构的差异直接导致了不同鸣唱的产生。鸟类的身体状态、领域质量、遗传和生理状态、年龄、经历等都会对鸣唱曲目的复杂性产生很大影响。反之，鸟类鸣唱的复杂性也可反映其领域质量、遗传和生理状态以及繁殖状况等信息。

鸟类在长期进化过程中，其声信号适应在其各自栖息环境中都趋于达到最有效的传播，也就是使声音在传播过程

中衰减损失达到最小。例如一些在厚密植被环境中生活的种类趋于发出低频、频带较窄的鸣声，而在植被较稀疏环境中生活的种类则趋于发出频率较高、频带较宽的鸣声。鸟鸣特征除与环境有关外，还与鸟的体型大小、喙的大小、不同的行为学意义等密切相关。一些鸟种在背景噪音下会增加鸣声的频率和增加鸣声响度，以达到有效的通讯。

不同种的鸟具有不同的鸣声，而在同种的不同亚种间、各地理种群间、甚至不同的个体间也会有不同程度的鸣声差异。鸟类鸣声的差异包括宏地理变异和微地理变异。宏地理变异指距离较远的，例如相隔上千千米的不同地理种群之间的鸣声变异，这些种群的个体在自然条件下是不可能相遇的。微地理变异指的是距离较近的、具有潜在杂交可能的相邻种群之间的鸣声变异，假如各种群内的个体各自共享部分或全部的鸣唱特征，而种群间互不相同且存在明显的边界，这样就构成"方言"。方言既体现鸣声的一致性，也体现个体性。方言可在一定程度上阻碍种群的扩散和基因漂移。长时间的地理隔离可导致地方类群（或亚种）的产生和分化，并对新种的形成产生一定影响。鸣声也可作为系统分类的一个参考标准，尤其是对近缘种、姐妹种的鉴定研究。鸟声在鸟类系统学研究中的重要性已得到广泛的重视。有的学者以鸟类鸣声的结构特点重建鸟类的系统发育，其鸣声的分化也是一些同域分布成种的关键因素之一。

目前国内外学者们普遍公认雄鸟鸣唱进化的动力。已有研究证明许多鸟种的雌性都愿意与鸣唱曲目大的雄鸟交配，这是由于鸣唱曲目大的雄鸟体内激素水平高、免疫力强、身体素质好，可以与更多的雌鸟交配，后代的成活率也较高。

20世纪末，鸟声研究几乎渗透到了鸟类学研究中的各个方面，例如鸣声学习行为、通讯行为、鸣唱的意义、效鸣行为、个体识别以及方言等。随着科学技术迅猛发展，各种新型的声音记录和声谱分析等设备不断涌现，使研究者能更精准、更细致地深入研究鸟类鸣声，极大地推动人们对鸟类"语言"奥秘的解析。根据鸟声的特征，可以研发和改进现代化的通讯设备，并可用于招引益鸟、防治鸟害等应用研究，在仿生学、临床医学等方面发挥潜能，为人类服务。

为什么鸟在树上睡觉不会摔下来?

为什么鸟在睡觉时,不会从栖息的树枝上摔下来?这是由于鸟有独特的适应力。鸟有使脚爪蜷缩的筋,通到脚踝关节后面。鸟栖息时,身体重量便压弯这个关节,那些筋就立刻把脚爪扭成一个紧绷绷的弯钩,自动抓紧了栖木。

鸟的分类

鸟纲是陆生脊椎动物中出现最晚，数量最多的一纲。鸟纲现存9000多种，比哺乳动物几乎多一倍，不同的学者对鸟类的分类有一定的差别，单就鸟类的总数就可差上几百种之多，目和科的划分也是互有差异。鸟纲分古鸟亚纲和今鸟亚纲两个亚纲，现存的鸟纲都可以划入今鸟亚纲的三个总目：古颚总目、楔翼总目和今颚总目，我国现存的鸟类都属于今颚总目。古鸟亚纲包括始祖鸟，今鸟亚纲除了现存的三个总目外，还包括已经灭绝的齿颚总目。鸟类不易形成化石，因此史前鸟类的化石非常稀少珍贵，这也使人们对鸟类起源和早期演化产生了很多疑问和争论。

鸟类虽然种类繁多，但不同鸟类之间的差异远比哺乳动物要少。哺乳动物中的一个目（比如有袋目）内成员的差异也许就比鸟类两个相差甚远的目的成员之间的差异还要大，像蓝鲸、蝙蝠和鸭嘴兽彼此之间那样大的差别在鸟类中是不存在的。现存的鸟类可以分成27—30个目、160个左右的科。最近有人用DNA-DNA杂交法对1000余种鸟类进行分析，对鸟类进行了重新分类，在新的分类中，过去认为较高等的攀禽被降为较低等的类群，而且被划分成

很多的目，而原本认为较原始的水禽则多变成了较高等的类群，而且游禽、涉禽和猛禽多被合并入鹳形目及鹤形目。鸟类新的分类更加准确地表达了不同鸟类之间的血缘关系，但在应用中，人们通常还是以传统分类为主，这里也用的是传统分类。

古鸟亚纲：包括始祖鸟等中生代的原始鸟类，同时具有鸟类和爬行动物的特征。

今鸟亚纲：包括现存的所有鸟类和一些已经灭绝的早期鸟类。分为古颚总目、楔翼总目、今颚总目和齿颚总目。

齿颚总目 ＞

包括黄昏鸟等中生代的早期鸟类。

古颚总目 ＞

即走禽，不会飞或不善飞，善于奔跑的一类。

鸵鸟目：鸵鸟目，仅鸵鸟科1科，仅1种，即非洲鸵鸟，现存最大的鸟。鸵鸟是大家最熟悉的走禽，身高可达2.5米，体重达135千克，卵重超过1.3千克。鸵鸟主要产于非洲，但在史前时期曾经出现在中国。鸵鸟擅长奔跑，腿部裸露，只有两个脚趾。

美洲鸵鸟目：1科2种，美洲最大的鸟。美洲鸵鸟目只有美洲鸵鸟科一科，分大美洲鸵和小美洲鸵两种。大美洲鸵是美洲最大的鸟，但比鸵鸟要小得多，体重只有25千克。小美洲鸵体型更小，是体型

最小的大型走禽。美洲鸵鸟有3个脚趾，又被称作三趾鸵鸟，虽然也不会飞，翼却比较发达。

鹤鸵目：2科4种，包括鸸鹋和鹤鸵，现存第二大的鸟。鹤鸵目是世界上第二大的鸟类，仅次于鸵鸟，翼非常退化，比鸵鸟和美洲鸵鸟的翅膀更加退化。鹤鸵目和美洲鸵鸟一样，也有3个脚趾。鹤鸵目

分布于澳大利亚和新几内亚等地，有2科4种。

鹤鸵科有双垂鹤鸵，单垂鹤鸵和侏鹤鸵3种，栖息于热带森林中，其中双垂

鹤鸵分布于新几内亚岛南部和澳洲东北部以及附近岛屿，另外两种分布限于新几内亚。鹤鸵又叫食火鸡，头顶上有角质盔，内趾有一长而锋利的爪，据说可以踢死人。

鸸鹋科只有鸸鹋一种，也是大家比较熟悉的种类，栖息于开阔地带，也以擅长奔跑而著名。鸸鹋也被称作澳洲鸵鸟，是澳洲的特产，并成为了澳洲国徽的图案。

无翼鸟目：无翼鸟又叫几维或鹬鸵，是古颚总目中体型最小的，有无翼鸟科1科3种。几维是新西兰的特产，也是新西兰的象征。几维是鸟类中最奇特的一类：几维的翼高度退化，外观上不可见；几维的羽毛看起来就像兽毛；几维像兽类一样在夜间活动，并且有发达的嗅觉，嘴边还有灵敏的触须；几维的卵重达0.5千克，占体重的1/4。

鸻形目：1科46种，美洲的小型走禽，是古颚总目中种类最多的，体型最小，也是人们最不熟悉的。不是典型的走禽，同时具有平胸类和突胸类的特点，虽然也善于奔跑，但能做短距离的飞翔。是古颚总目中进化比较成功的类群，分布遍及拉丁美洲，并能适应多种不同的生存环境，但有些分布于人口密集地区的种类生存受到了一定的威胁，比如孤鸻现在已经属于濒危物种。

楔翼总目 >

即企鹅，不会飞而善于游泳。

企鹅目：1科18种企鹅，都是不会飞的海鸟。在所有的鸟类中，企鹅是最适应水和严寒天气的鸟。它们在陆地上行走的时候很笨拙，但在水里很敏捷，是天生的游泳家。亚南极的岛屿，以及非洲、澳大利亚、新西兰和南美洲寒冷的海岸线是它们的生息之地。只有阿德利企鹅和大企鹅（也叫皇企鹅）栖息在南极洲。阿德利企鹅是最知名的企鹅。它像其他企鹅一样，背是黑色的，肚子是白色的。各种企鹅区别在于它们头形的不同和体型的大小。最小的是小蓝企鹅，体长只有40厘米。最大的是大企鹅，体长120厘米。同种企鹅的雄性和雌性外貌相似。它

们在海里一待就是几个星期，在水中捕捉鱼和甲壳类动物。但是，在海里，它们也是海豹和杀人鲸的食物。有些种类的企鹅祖祖辈辈都不远千里赶到内陆去繁殖。雌企鹅每窝产下1—2枚蛋，由雄企鹅和雌企鹅轮流孵化。一只企鹅在家里看守的时候，另一只就到外面去觅食。直到把小企鹅养育长大。科隆群岛企鹅属濒危动物。

今颚总目 〉

包括绝大多数鸟类，多数可以飞行，我国只有这一总目的鸟类。

潜鸟目：1科，善游泳和潜水，在陆地行动笨拙。潜鸟目仅含潜鸟科，共1属5种，我国有5种，分别为红喉潜鸟、黑喉潜

鸟、太平洋潜鸟、普通潜鸟、白嘴潜鸟。潜鸟既擅长潜水又不失去飞翔能力，但在

陆地上走路则很笨拙。潜鸟广泛分布于北方高纬度地区，冬季南迁。

鸊鷉目：1科，善游泳和潜水。仅有鸊鷉科，共约20种，我国有1属5种，即小鸊鷉、赤颈鸊鷉、凤头鸊鷉、角鸊鷉、黑

颈鸊鷉。外形和生活习性都与潜鸟有些相似，与潜鸟目的主要区别是脚趾上具

瓣蹼。分布广泛，除两极和大洋中的岛屿外，几乎遍及全球。

鹱形目：4科93种，包括信天翁科、鹱科、海燕科、鹈燕科。鹱形目的鸟是中、大型海鸟。这些鸟以鱼、墨鱼、海蜇

或其它海生动物为生。这个目中的鸟大多数是有很长狭窄的翅膀、较短尾羽的海

鸟。它们一般在深海上飞行和捕猎，许多只有在哺育时才上陆。世界上所有气候地区的海洋都有鹱形目的鸟。

鹱形目鸟的嘴直长，在端部形成一

个向下的钩。它们的嘴是由多块平行狭窄的角质物构成的。在嘴上有两个管，鹱形目的鸟用它们来排除它们喝海水时喝入的盐。有些鹱形目的鸟可以从这两根管子中喷出一种油质，用这种方法它们可以向数米外的进攻者反击。鹱形目的鸟的脚上都有蹼，后脚趾退化或完全消失。许多鹱形目的鸟几乎已经不能在陆地上行走，有些只在晚上上陆。

鹈形目：包括6科，为温热带的游禽，包括鹈鹕、鲣鸟、鸬鹚、军舰鸟等。在海岛、荒岛、海岸及树上营群巢。全球大部

鹄。它们主要以鱼、软体动物等为食。

鹳形目：多为长颈，长腿的鸟类，嘴形不一，但多较大较长。栖于水边或近水地方。觅吃小鱼、虫类及其他小型动物。本目共有6科，中国有3科，包括鹳、鹭、鹮等。

分地区都可以看到鹈形目鸟类，有一些种类甚至扩展到了两极地区。很多鹈形目的鸟类具有全蹼，四趾均朝前，有蹼相连，嘴下常常有发育程度不同的喉囊。栖息于海岛、沼泽、湖泊、池塘、溪河等地，有的种类飞翔力强，常随军舰飞翔，随波浪起伏。有的种类善于游泳和潜水，常站在水域的岩石、河滩乱石、木柱或大树等处窥视，捕食鱼类。飞行时颈与脚均伸长，似鸭类，常掠水面而过，鸣声似家

雁形目：本目的鸟在中文中通常被称为"鸭"或"雁"，包括了人们通常所说的鸭、潜鸭、天鹅，各种雁类等鸭雁类（或雁鸭类）的鸟。本目的鸟都是游禽，在世

界分布广泛。本目鸟类头较大，有的种类具有明显的冠羽，喙多为扁平形，尖端具有嘴甲，大多长颈。翅长而尖，适于长途跋涉，初级飞羽10—11枚，次级飞羽缺第5枚，大多数种类的次级飞羽色彩艳丽，具有抢眼的金属光泽，被称作翼镜，大多数种类的尾巴很短，但也有个别种类具有异乎寻常的中央尾羽，如针尾鸭，本目鸟

类绒羽发达、脚短，多着生于身体的中后部，跗跖前侧覆盖网状鳞，三趾向前，有蹼或半蹼相连，一趾向后，较其他三趾为短。本目鸟类多雄雌异色，部分种类如天鹅雄雌同形同色。

隼形目：4—5科，包括鹯形目以外的所有猛禽，是白天活动的猛禽，有鹰科、隼科、美洲鹫科、鹗科、蛇鹫科。隼形目多为单独活动，飞翔能力极强，也是视力最好的动物之一。隼形目与其他鸟类不同，雌鸟往往比雄鸟体型更大。隼形目中

国有2科。这一目中的鸟包括了汉语中常说的鹰、隼、鸢、雕、鹫、鸢等。它们都

是肉食性，体态雄健，在各国的文化中具有神话色彩，受到人们的爱戴。所有隼形目鸟类都被列入《世界自然保护联盟》（IUCN）ver 3.1：2009年鸟类红色名录。

鸡形目：6科，人们通常把这一目的鸟中体型较大种的统称为"鸡"，体型较小的一些种类称为"鹑"。由于这一目的鸟腿脚强健，擅长在地面奔跑，按生态习性，被称为陆禽。这一目中的鸟有些体态雄健优美，色彩艳丽，其中不少是珍稀物

种和经济物种，家鸡还与人类的生活关系密切。各种鹑、雉、鸡，善奔跑不善飞行。

鹤形目：鸟类体型大小差别很大，有最大型的飞禽，也有很小型的种类。鹤形目有12科，其中有些科分布非常广泛，多数科则局限于狭小的地区，有些种类分布限于一些偏僻的海岛，甚至失去了飞翔能力。鹤形目中不少成员都是濒危物种，特别是那些分布于海岛的种类。包括鹤、秧鸡、鸨、三趾鹑等。现存8亚目12科约189种。其中鹤科和秧鸡科为世界性分布，鸨科遍布东半球。其余各科的分布有局限性：秧鹤科、喇叭鹤科、日鳽科和叫鹤科为新大陆或新热带界的固有科；拟鹑科为非洲热带界特产；领鹑科产于大洋洲；日鳽科分布于南半球；鹭鹤科仅产于大洋洲的新喀里多尼亚。本目鸟类体形多样，有鹤形、鸭形（例如骨顶鸡）、秧鸡形和鸵鸟形（例如大鸨）。大型种类大鸨的体重可达18千克，为世界上能飞翔鸟类中最重者。

鸻形目：包括比较繁杂的类群，包括鸻鹬类、鸥类和海雀类三个大类群，分别是涉禽类，擅长游泳和飞翔的海洋鸟类和适应潜水生活的海洋鸟类，这三个类群有时也被分成三个独立的目。鸻形目有16—17科，分布遍及世界各地的水域，从两极到热带都有其代表，其中有不少种类有极强的飞翔能力，可以飞很远的距离，中国有9—10科。鸻鹬类以中小型涉禽为主，是涉禽中最大的一类，是世界各地湿地的重要组成，具有很重要的生态意义。

鸽形目：广布于除两极外的世界各地。有2科：沙鸡科，世界有2属16种，中国有2属3种。鸠鸽科，世界有40属280种，中

国有8属31种。沙鸡类栖息在沙漠、荒原地区，鸠鸽类栖息于多树或多岩石的山区和农村。在岩缝、峭壁或树木枝条上营巢。食物多是杂草种子、农作物种子和各类植物果实。我国常见种类有毛腿沙鸡等。包括现存的鸠鸽科、沙鸡科和已经灭绝的渡渡鸟。

鹦形目：种类非常繁多，有82属358种，是鸟类最大的科之一。通常划分成凤头鹦鹉科和鹦鹉科两个科。俗语鹦鹉可以用来单独指代鹦鹉科，或者整个鹦形目，更常见的是后一种情况。

鹃形目：有2科34属159种，中小型攀禽。头骨为索腭形。嘴形稍粗厚，微向下曲，但不具钩。翅有第五枚次级飞羽。尾8—10枚。具适于攀缘的对趾形足，脚小而弱，足呈对趾形，即第2、3趾向前，

第1、4趾向后。雏鸟为晚成性。尾脂腺裸出。羽无副羽。雌雄大都相似。大多不自营巢，营卵寄生（或称巢寄生）繁殖，自己不筑巢、不孵卵，而是将卵产于其他鸟巢中，由义亲代孵代养。包括杜鹃、蕉鹃和麝雉等。

鸮形目：为夜行猛禽。喙坚强而钩曲。嘴基蜡膜为硬须掩盖。翅的外形不一，第五枚次级羽缺。尾短圆，尾羽12

枚，有时仅10枚。脚强健有力，常全部被羽，第4趾能向后反转，以利攀缘。爪大而锐。雏鸟为晚成性。尾脂腺裸出。无副羽，间或留存。耳孔周缘具耳羽，有助于夜间分辨声响与夜间定位。营巢于树洞或岩隙中。2科，包括所有夜间活动的猛禽，即鸮（猫头鹰）。

夜鹰目：5科，夜行性的鸟类，包括夜鹰、蟆口鸱、油鸱、林鸱、裸鼻鸱等。头骨为索腭或裂腭，嘴短弱，嘴裂阔；嘴须甚长；鼻孔呈管状或狭隙状。翼长而尖，具10枚初级飞羽，第二枚通常最长；缺第五枚次级飞羽。尾呈凸尾状，尾羽10枚。脚和趾大小居中或稍弱，跗跖短，被羽或裸出；外趾仅具4枚趾骨；中爪具栉缘。尾脂腺裸出或退化。眼形特大。体羽柔软，色呈斑杂状。雌雄无甚差别。

雨燕目：小型攀禽。嘴形短阔而平扁，或细长成管状；两翅尖长；尾大都呈叉状；跗骨短，大都被羽，足大多呈前趾。雌雄相似。本目可分为两个亚目：蜂鸟亚目，仅有蜂鸟科；雨燕亚目下有2科。雨燕飞时张口，易于捕食空中飞行的虫类，如蚊、蝇等，是益鸟，应予保护。营巢时用自己唾液混合所取得的材料，甚至完全用唾液造成，这就是市场上所售的名贵"燕窝"。

鼠鸟目：是鸟类中种类最少的一目，

只有1科1属6种，唯一的产地是非洲大陆，也是今颚总目中唯一分布限于一个大陆。鼠鸟是小型鸟类，大小似雀，构造有些像蜂鸟，头上有羽冠，其羽毛质感和爬行的动作都有些似鼠。鼠鸟社会性强，喜群居，很贪食，食植物的花、芽和果实。鼠鸟常悬在树枝上，有时甚至双腿悬挂在不同的树枝上。在悬挂时腿上升至"肩膀"的高度。

咬鹃目：该目鸟类为热带森林中的

攀禽，在拉丁美洲，非洲和东南亚都有分布。只有咬鹃科一科。有8属39种，中国有1属3种。分布于中国最南部和西南部。嘴短而宽，嘴尖稍曲，翅短而有力，尾长而宽阔；脚短弱，咬鹃的脚趾与其他鸟类均不相同，具异型足，1—2趾向后，3—4趾向前。咬鹃是色彩鲜艳的鸟类，通常有闪烁着金属光泽的鲜艳羽毛。雌雄不同。在树洞中营巢。雏鸟为晚成性。

佛法僧目：9科，多样化的攀禽，这一目的鸟分布广泛，形态结构多样，各科特化程度高。成员体型大小不一，生活

方式多种多样，多数种类以昆虫和小动物为食，有些种类食鱼，还有些种类食果

实。佛法僧目有9科，很多科分布局限于热带、亚热带地区，其他科则分布比较广泛，中国有5科。这目鸟中包括犀鸟、翠鸟、蜂虎、佛法僧等。

鴷形目：中型攀禽。此目可分为鵑鴷亚目和鴷亚目。鵑鴷亚目包括须鴷科、响蜜鴷科、鹟鵼科等；鴷亚目只有啄木鸟科。此目约有400种；除大洋洲及南极外，分布于全世界。中国只有须鴷科8种和啄木鸟科29种。在自己凿成的树洞中营巢。雏鸟为晚成性。包括啄木鸟、鹟鵼、须鴷等。

雀形目：最进步、最成功的鸟，包括半数以上的鸟类，为中、小型鸣禽，喙形多样，适于多种类型的生活习性；鸣管结构及鸣肌复杂，大多善于鸣啭，叫声多变悦耳；离趾型足，趾三前一后，后趾与中趾等长；腿细弱，跗跖后缘鳞片常愈合为整块鳞板；雀腭型头骨。筑巢大多精巧，雏鸟晚成性。种类及数量众多，适应辐射到各种生态环境内。有100科5400种以上，是鸟类中最为庞杂的一目，占鸟类全部种类的一半以上。中国有34科。

⟩ 小鸟枝头亦朋友

　　人类很早就认识到，许多鸟儿捕吃农林害虫，有利于农林业生产，比如：麻雀、啄木鸟、猫头鹰等，它们都是益鸟，是人类的朋友，必须保护。中国古代就有两个皇帝特别爱护鸟类，他们的护鸟行为，在历史上被传为美谈。

　　公元 1323 年 4 月，元英宗下了一道圣旨，圣旨的内容很奇特，既不是赦免罪犯，也不是征兵，而是下令各家各户"释放笼中之鸟"。圣旨一出，老百姓都很惊讶，有的说："皇帝吃饱了没事干啦？"还有的猜："准是皇宫里有人病了，要放生积德。"一时间，街头巷尾议论纷纷。后来，人们才知道，原来皇帝是为了保护鸟类，加速鸟儿的繁殖，才决定把捕获的鸟儿释放的，要知道，这正是春夏之交，是鸟儿最佳的繁殖期。元英宗为了鼓励老百姓放鸟，还下令：每只鸟价值多少，由政府补偿给养鸟的主人。他想得可真周到。于是放鸟这一天，10 万只的笼中之鸟被放出笼子，它们拍打着翅膀飞上了蓝天，飞回了大自然，百鸟齐鸣，景色蔚为壮观。这也许是世界上最早的规模最大的一次放生活动了。

鸟类吉尼斯

世界上最小的鸟 ›

许多人都知道蜂鸟是世界上最小的鸟类，其实这种说法并不十分准确，因为全世界的蜂鸟有315种左右，我国近几年有很多地方都声称发现了蜂鸟，其实都是误传。蜂鸟主要分布于从北美洲的阿拉斯加到南美洲的麦哲伦海峡，以及其间的众多岛屿上。它们的体形差异也很大，最大的巨蜂鸟体长达21.5厘米，当然不能说它是世界上最小的鸟了。而产于古巴的吸蜜蜂鸟的体长只有5.6厘米，其中喙和尾部约占一半，

体重仅2克左右，其大小和蜜蜂差不多，这样的蜂鸟才是世界上体型最小的鸟类，它的卵也是世界上最小的鸟卵，比一个句号大不了多少。

蜂鸟的喙是一根细针，舌头是一根纤细的线；它的眼睛像两个闪光的黑点；它翅上的羽毛非常轻薄，好像是透明的，羽毛大多十分鲜艳，并且闪耀着金属的光泽。它的双足又短又小，不易为人察觉；它极少用足，停下来只是为了过夜；它飞翔起来持续不断，而且速度很快，发出嗡嗡的响声，蜂鸟即是因此而得名。它双翅的拍击非常迅捷，每秒在15次到80次，它的快慢取决于蜂鸟的大小。蜂鸟的飞行本领高超，可以倒退飞行，垂直起

落，在空中停留时不仅形状不变，而且看上去毫无动作，像直升机一样悬停，只见它在一朵花前一动不动地停留片刻，然后箭一般朝另一朵花飞去。它用细长的舌头探进它们怀中，吮吸它们的花蜜，而且仿佛这是它舌头的唯一用途。

蜂鸟的体型太小，骨架不易保存成为化石，它的演化史至今仍是个谜。现在的蜂鸟大多生活在中南美洲，在南美洲曾发现100万年前的蜂鸟的化石，因此科学家认为蜂鸟是源自更新世。然而在德国南部科学家却发现了目前世界上最古老的蜂鸟化石，距今已有3000多万年的历史，由此可知，蜂鸟的祖先远在渐新世的时候就已经出现。

蜂鸟色彩鲜明，常和雨燕同列于雨燕目。分布局限于西半球，在南美洲种类极多。约有12种常在美国和加拿大，只

有红玉喉蜂鸟繁殖于北美东部新斯科舍到佛罗里达。分布最北的是棕煌蜂鸟，繁殖于阿拉斯加的东南部到加利福尼亚的北部。最小的蜂鸟见于古巴和松树岛，稍长于5.5厘米，重约2克。这是最小的现存鸟类，与小鼩鼱同为最小的温血脊椎动物。

蜂鸟体强，肌肉强健，翅桨片状，甚长，能敏捷地上下飞、侧飞和倒飞，还能原位不动地停留在花前取食花蜜和

昆虫。体羽稀疏，外表鳞片状，常显金属光泽。少数种雌雄外形相似，但大多数种雌雄有差异。雄鸟往往有各种漂亮的装饰。颈部有虹彩围涎状羽毛，颜色各异。其他特异之处是由冠和翼羽的短粗羽轴、抹刀形、金属丝状或旗形尾状，大腿上有蓬松的羽毛丛（常为白色）。嘴细长，适于从花中吸蜜。刺嘴蜂鸟属和尖嘴蜂鸟属的嘴短，但是剑喙蜂鸟的嘴极长，

47

超过其体长21厘米之半。许多种类的嘴稍下弯。镰喙蜂鸟属的嘴很弯。而翘嘴蜂鸟属与反嘴蜂鸟属的嘴端上翘。

蜂鸟飞行时能飞到四五千米的高空中，速度可以达到每小时50千米，因此人们很难看到它们。最令人吃惊的是，蜂鸟的心跳特别快，每分钟达到615次，大约是人类的8倍。另外，有些蜂鸟有迁徙的习惯。

多数种类的蜂鸟不结对，而紫耳蜂鸟和少数其他种类则成对生活，并且由两性共同育雏。大多数种类的雄鸟都以猛飞猛冲的方式保卫占区(占区是它向过路雌鸟炫耀的场所)。雄鸟常在雌鸟前面盘旋，使阳光反射颈部色泽。占区的雄鸟追逐同种或不同种的蜂鸟，向大型鸟(如乌鸦和鹰)甚至向哺乳类(包括人)猛冲。多数蜂鸟(尤其较小的种类)发出刮擦声、喊喊喳喳或吱吱的叫声。但在做U形炫耀飞行中，翅膀常发出嗡嗡、嘶嘶声或爆音，像其他鸟的鸣声。许多种类的尾羽发出声音。

蜂鸟巢小杯形，由植物纤维、蛛网、地衣和苔藓构成，附着于树枝、大叶片或岩石突出部。隐士蜂鸟属某几种的巢有一细茎悬挂在突出物的下面，或在洞穴、涵洞顶上挂着。巢两边放着泥土和植物，

以保持平衡。产2枚(很少1枚)白色椭圆形卵，是鸟卵中最小的，但卵重约为雌鸟体重的10%。刚孵出的幼鸟无视力，身上无毛，由亲鸟哺养，约三周后羽毛丰满。

在所有动物当中，蜂鸟的体态最美，色彩最艳丽。精雕和玉琢的精品也无法同这大自然的瑰宝媲美，蜂鸟是世界上最小的鸟，"以其微未搏得盛誉"。小蜂鸟是大自然的杰作：轻盈、迅疾、敏捷、优雅、华丽的羽毛。

惊人的记忆力

尽管蜂鸟的大脑最多只有一粒米大小，但它们的记忆能力相当惊人。来自英国和加拿大的科研人员最近发现，蜂鸟不但能记住自己刚刚吃过的食物种类，甚至还能记住自己大约在什么时候吃的东西，因此可以轻松地吃那些还没有被自己"品尝"的东西。

有报道，自然界中的蜂鸟都拥有自己的势力范围，它们不但能清楚记住自己曾采过哪些鲜花的蜜，甚至能判断光顾这些花朵的"大概时间"，进而根据不同植物的重新分泌花蜜的规律来寻找新的食物。这样，当蜂鸟再次出动的时候，就能做到不去"骚扰"那些花蜜已经被自己采空的植物了。研究人员指出，这些惊人的举动让蜂鸟成为唯一一种能记住"吃东西地点和时间"的野生动物。此前，科学家认为，只有人类才会具有类似的判断能力。

据悉，某种加拿大蜂鸟每年冬天都要

从寒冷的落基山脉飞行数千千米抵达温暖的墨西哥地区越冬，等到了来年春天，它们还要再次千里迢迢地返回落基山繁育后代。科学家因此推测，蜂鸟拥有惊人记忆力的原因是：自身个体太小，年复一年的长途跋涉又需要很长时间，它们不能将宝贵的时间花费在寻找食物的工作上。研究人员宣称，小小的蜂鸟最多能分清楚8种不同类别鲜花的花蜜分泌规律。上述成果发表在一本名为《Current Biology》的生物学期刊上。

蜂鸟喜欢有花植物（尤其是红色花），包括小虾花、倒挂金钟（又名吊钟花、吊钟海棠、灯笼海棠）及钓钟柳类的植物等。蜂鸟采食这些植物的花蜜。它们也是重要的传粉者，特别是对那些长筒花来说。大多数蜂鸟也以昆虫为食。

蜂鸟会使用"奶瓶"，特别是红色的奶瓶。合适的人工花蜜由一份蔗糖和四份水组成。蔗糖最容易在沸水中溶化，然后完全冷却，再拿给蜂鸟。除了白糖以外的其他事物，如蜂蜜，发酵太快，因此会伤到鸟。

也有一些出售的蜂鸟食品，但是通常含有不需要的红色色素，有报道称色素会使蜂鸟中毒。用红色的花形器具就会有很好的招引效果。那些出售的蜂鸟食品也包含少量的营养物，但是蜂鸟显然通过捕食的昆虫来获取营养，所以营养物也是不需要的。因此白糖和水可以做成最佳的花蜜。

蜂鸟的"奶瓶"应每周清洗和更换糖水，如果气候暖和的话，要更频繁些。最少一个月更换一次，或发现黑色霉菌出现时必须更换，"奶瓶"应在氯漂白粉溶液中浸泡。蜂鸟不愿意使用肥皂清洗过的"奶瓶"，它们不喜欢肥皂的气味。

蜂鸟有时会误入车库并被困住。因为它们将悬挂的门闩手柄（通常为红色）误以为是花朵。有时蜂鸟也会被不含任何红色的围栏困住，一旦被困在里面，蜂鸟可能无法逃脱，因为它们在遇到威胁或被困住的时候本能反应是向上飞。这将威胁到蜂鸟的生命，它们会因为体力耗尽而在短时间内死亡，可能短于一个小时。如果蜂鸟被困在里面，它可以轻易地被抓住并释放到室外。被抓在手中时它会保持安静直到被释放为止。

自然界最大的鸟 〉

　　鸵鸟是非洲一种体型巨大、不会飞但奔跑得很快的鸟，特征为脖子长而无毛、头小、脚有二趾。是世界上存活着的

最大的鸟。鸵鸟高可达3米，颈长，头小，脖子长裸，嘴扁平，翼短小，不能飞，腿长，脚有力，善于行走和奔跑。雌鸟灰褐色，雄鸟的翼和尾部有白色羽毛。

　　鸟类自从侏罗纪开始出现以来，到白垩纪已经作了广大的辐射适应，演化出各式各样的水鸟及陆鸟，以适应各种不同的环境。进入新生代以后，由于陆上的恐龙绝灭，而哺乳类尚未发展成大型动

物，其生态地位多由鸟类取代，例如北美洲始新世的营穴鸟，为巨大而不能飞的食肉性鸟类，填补了食肉兽的真空状态；恐鸟是南美洲中新世的大型食肉鸟，不会飞行，也填补了当时南美洲缺乏食肉兽的空缺。

　　其实鸵鸟的祖先也是一种会飞的鸟

此外，还有几种不会飞的鸟类常被归为走禽类，在各岛屿或特殊地区，填补了缺乏哺乳类的空位，有名的例子包括在新西兰的恐鸟、澳大利亚的奔鸟和马达加斯加岛的象鸟，它们不幸都在人类出现后绝灭。不过还有一些较幸运的走禽，如非洲的鸵鸟、澳大利亚的鸸鹋和食火鸡、新西兰的几维鸟以及南美洲的鹈迄今仍幸存。

类，那么它是怎么变成今天的模样的呢？这与它的生活环境有着非常密切的关系。鸵鸟是一种原始的残存鸟类，它代表着在开阔草原和荒漠环境中动物逐渐向高大和善跑方向发展的一种进化方向。与此同时，飞行能力逐渐减弱直至丧失。非洲鸵鸟的奔跑能力是十分惊人的。它的足趾因适于奔跑而趋向减少，是世界上唯一只有两个脚趾的鸟类，而且外脚趾较小，内脚趾特别发达。它跳跃可腾空2.5米，一步可跨越8米，冲刺速度在每小时70千米以上。同时粗壮的双腿还是非洲鸵鸟的主要防卫武器，甚至可以置狮、豹于死地。

这些走禽的最大共同特征是胸骨扁平，不具龙骨突起；然而，在它们飞行能力逐渐消失的演化过程中，飞行用的强健胸肌以及其附着的部位变得不再需要。不过，这些走禽是否都有相近的血缘关系，仍有待足够的化石证据来探求。

53

化石，还发现腿骨化石。近代曾分布于非洲、叙利亚与阿拉伯半岛，但现今叙利亚与阿拉伯半岛上的鸵鸟均已绝迹；它们的分布是撒哈拉沙漠往南一直到整个非洲，而澳大利亚则于公元1862—1869年引进，在东南部形成新的栖息地。

附带一提的是，渡渡鸟也是不会飞的陆鸟，但它不是走禽的近亲，而是鸠鸽类的一员，因此它没有像走禽类那种善跑的特性。

鸟类学家发现，根据各地鸟类的特色，可将全世界分成六大地理区，每一区有独特的鸟类，且同一区内的鸟类有普遍的相似性，这是演化和适应环境的结果，其中鸵鸟分布于伊索匹亚区和非洲区。

鸵鸟广泛地分布在非洲低降雨量的干燥地区。在新生代第三纪时，鸵鸟曾广泛分布于欧亚大陆，在我国著名的北京人产地——周口店不仅发现过鸵鸟蛋

• 生活习性

鸵鸟是群居、日行性走禽类，适应于沙漠荒原中生活，嗅听觉灵敏，善奔跑，跑时以翅扇动相助，一步可跨 8 米，时速可达 70 千米 / 小时，能跳跃达 2.5 米。为了采集那些在沙漠中稀少而分散的食物，鸵鸟是相当有效率的采食者，这都要归功于它们开阔的步阀、长而灵活的颈以及准确的啄食。鸵鸟啄食时，先将食物聚集于食道上方，形成一个食球后，再缓慢地经

过颈部食道将其吞下。由于鸵鸟啄食时必须将头部低下，很容易遭受掠食者的攻击，故觅食时不时地抬起头来四处张望。

鸵鸟常结成 5—50 只一群生活，常与食草动物相伴。鸵鸟用强有力的腿（仅有两趾，主要的趾发达几乎成为蹄）逃避敌人，受惊时速度每小时可达 65 千米。来不及逃跑，它就干脆将潜望镜似的脖子平贴在地面，身体蜷曲一团，以自己暗褐色的羽毛伪装成石头或灌木丛，加上薄雾的掩护，就很难被敌人发现啦。另外，鸵鸟将头和脖子贴近地面，还有两个作用，一

是可听到远处的声音，有利于及早避开危险；二是可以放松颈部的肌肉，更好地消除疲劳。

雄鸵鸟在繁殖季节会划分势力范围，当有其他雄性靠近时会利用翅膀将之驱离并大叫，它们的叫声洪亮而低沉。

鸵鸟的营养来源很广，主食草、叶、种子、嫩枝、多汁的植物、树根、带茎的花、及果实等等，也吃蜥、蛇、幼鸟、小哺乳动物和一些昆虫等小动物，属于杂食性。公园里人工饲养的鸵鸟，用合成饲料喂养。鸵鸟在吃食的时候，总是有意把一些沙粒也吃进去，因为鸵鸟消化能力差，吃一些沙粒可以帮助磨碎食物，促进消化，且不伤脾胃。

鸵鸟心态

　　鸵鸟生活在炎热的沙漠地带，那里阳光照射强烈，从地面上升的热空气，同低空的冷空气相交，由于散射而出现闪闪发光的薄雾。平时鸵鸟总是伸长脖子透过薄雾去查看，而遇到危险时，鸵鸟会把头埋入草堆里，以为自己眼睛看不见就是安全。事实上鸵鸟的两条腿很长，奔跑得很快，遇到危险的时候，其奔跑速度足以摆脱敌人的攻击，如果不是把头埋藏在草堆里坐以待毙的话，是足可以躲避猛兽攻击的。后来，心理学家将这种消极的心态称之为"鸵鸟心态"。"鸵鸟心态"是一种逃避现实的心理，不敢面对问题的懦弱行为。职场上具有"鸵鸟心态"的人比比皆是。从生物的角度讲，当鸵鸟遇到危险时，它首先将头埋到土里，对危险视而不见，希望以此来逃避。所以鸵鸟心态其实就是指当出现问题时，首先想的不是解决问题的方法，而是选择逃避，不敢正视问题的一种心态。

飞行速度最快的鸟 〉

雨燕，在动物分类学上是鸟纲雨燕目中的一个科。雨燕是飞翔速度最快的鸟类，常在空中捕食昆虫，翼长而腿、脚弱小。雨燕分布广泛，有些种类在高纬度地区繁殖而到热带地区越冬，是著名的候鸟，有些则是热带地区的留鸟。雨燕科下共有18属84种。

后趾能逆转；头骨为雀腭型，缺基翼突。

由于翼尖长，雨燕科鸟类具有很强的飞翔能力，飞行速度极快而敏捷，但足短，不善于行走。雨燕科鸟类常结群飞翔，在飞行中捕食昆虫。雨燕科的鸟多结群营巢于岩洞、悬崖峭壁的岩隙和楼、塔等建筑物的屋檐或顶部避风雨处。其唾液腺发达，用唾液黏合巢材，巢多固着岩壁或建筑物上。每窝产卵两枚或三枚，卵壳多呈白色。

本科鸟类头无羽冠，羽毛有较大形的副羽；跗蹠及趾均强。翼尖长、足短，着陆后双翼折叠，翼尖长越尾端。雨燕科的鸟为前趾足，即4个脚趾都朝前，爪长而曲，跗蹠长度不短于中趾（不连爪），

雨燕和一般秋去春来的燕子大不相同，前者为小型攀禽，其最大的特点之一是4个脚趾全部都朝前；而燕子为鸣禽，足趾三前一后，两者分别属于两个不同的目。

雨燕的种类很多，中国共有7种，其中最常见的是北京雨燕，常集成大群于高空疾飞捕虫，营巢于一些中国式大屋顶的古建筑阁楼里，故又有楼燕之称。另一种金丝燕，在繁殖期以唾液腺分泌物筑巢，巢即为著名的滋补品"燕窝"。这些都是飞得极快的鸟类。每到雷雨之前，它们更加活跃，常常尖声连叫，箭也似的直插云端，勇敢地迎接暴雨的来临。

雨燕是长距离速度飞行的冠军。但有些猛禽，如鹰隼一类的隼形目，在俯冲捕食的那一瞬间，其速度也是惊人的，时速常可达297千米以上。此刻，你就能听到由于隼的疾飞，翅膀扇动空气而发出的嗖哨声。

另有一种距翼鹅，它在水平飞行时，时速为96.6千米，而在俯冲逃命时，时速可达141千米以上，所以猎人很难击中它。

昂贵的鸟窝——燕窝

　　金丝燕多见于热带沿海地区，在岛屿险峻，海拔200米岩洞深处筑巢聚居。又在其聚居处间或在人家屋檐下营巢，当地土人对其巢窝亦一并取用。此种鸟类白天大部分时间在聚居地上空结队飞行，飞翔能力极强，但脚细软弱，不善行走。终年不迁居异地。食物为各种小型飞虫。

　　金丝燕每年4月间产卵，产卵前必营筑新巢。巢由唾液砌成。其唾液只作营巢用。巢窝附于岩石上，呈不齐整半月形，内壁呈杯状，仅容雏鸟栖身，外廊呈长圆形，靠近岩石一侧较低。巢色洁白，巢内部较粗糙，呈丝瓜络样。巢质坚而脆，断面略似角质，

入水则柔软而膨大。其第一次所筑之巢，色白洁净，俗称"官燕"，巢厚而内有网丝．落水后膨胀力极强，一钱燕窝能胀大至七八钱者。如初筑之巢被采去，则立即进行第二次筑巢，此次所筑之巢，巢身较薄而色较暗，间或杂有绒毛，故俗称"毛燕"，毛燕泡水后，制成之燕丝或燕球，其吸水膨胀力大减。等而下者乃巢窝附着岩石部分，称"燕脚（根）"，则泡水不能膨胀，但亦作照窝使用。燕窝有时或呈血红色，俗称"血燕"，或谓金丝燕第三次筑巢时吐血所成，恐不足信。燕窝颜色的深浅，与阳光之照射、金丝燕的食物、甚至其筑巢所在木料的颜色有关。今日市上，以血燕价值较为昂贵，是因为物以稀为贵。数十年前均以白燕窝为上品,血燕作价较低。据清《粤海关志》，当年白燕窝每百斤应课税四两，而红（血）燕窝每百斤只课税二两。

　　燕窝应产地不同，又有野燕和家燕之分。野燕指产于东南亚各地沿海峭壁岩洞中的燕窝，其巢窝多黑色兼有杂质。至于家燕指筑巢于民间屋檐下之燕窝，家燕之巢窝色白、质松、毛少，落水后吸水力亦强，但不耐热，加热后不久即溶化。

　　燕窝成分，根据中国医学科学卫生研究所编之《食物成分表》，燕菜（窝）每百克含水分13.4克。碳水化合物占30.6克。蛋白质49.9克，其氮之分类为酰胺氮、腐黑物氮、精氨酸氮、胱氨酸氮、赖氨酸氮、单氨氮、非氨氮及含唾液酸苷酶等。其成分中以蛋白质为最多。然而鱼肚、海参、鲍鱼及带子等亦含有大量蛋白质，但其对人体功效远不及燕窝的原因，恐由于燕窝之蛋白质独具有大量生物活性之蛋白分子，为人体之滋补复壮有很大作用。

嘴最大的鸟 〉

嘴峰最长的鸟类是什么?

生活在南美洲的巨嘴鸟是嘴峰最长的鸟类,它的嘴峰的长度为1米左右,十分奇特。巨嘴鸟的确名副其实,其嘴之大,简直令人不胜惊讶。虽然它的体长为36—79厘米,但身体显得比较瘦小,一张大嘴却又粗又壮,长度为17—24厘米,宽度为5—9厘米,几乎相当于体长的三分之一。

由于巨嘴鸟的嘴和身躯的比例很不相称,像镰刀一样的嘴似乎重得出奇,总是给人一个错觉:认为它的巨嘴也许成为鞭笞巨嘴鸟的沉重累赘,以至于使它变得十分行动笨拙,甚至担心那粗壮的嘴会不会因为无法支撑而把颈部折断。其实,这个巨大的嘴不仅没有成为巨嘴鸟的负担,而且恰恰相反,它在活动的时候却显得泰然自若、毫不费力,特别是在凿木的时候更显得十分灵活,或者用尖端

上具有逆钩或分叉的舌头来钩取树干上的昆虫,或者一边取食树上的野果,一边轻松自如地整理羽毛,上下左右,举仰自如。这是什么缘故呢?原来,巨嘴鸟尽管嘴巴的体积很大,但是其重量很轻,还不到30克。这个巨嘴的嘴骨的构造很特别,它并不是一个致密的实体,而是上下两片均为一层薄而轻的硬壳,中间贯穿着极为纤细的、多孔隙的海绵状骨质组织,间隙里充满了空气,犹如蜂巢一样,所以虽然看来像是沉甸甸的,实际上却很轻,因此它在活动时丝毫没有感到沉重的压力。

体羽黑色配以红色、黄色和白色，或黑色和绿色辅以黄色、红色和栗色，或全身以绿色为主，或以黄褐色和蓝色为主搭以黄色、红色和栗色。两性在着色上相似，小巨嘴鸟种类和部分簇舌巨嘴鸟种类除外。

鸣声：一般不悦耳，常常似蛙叫声、狗吠声，或为咕哝声、咔嗒声或尖锐刺耳的声音；但少数种类拥有优美动听的鸣

这种鸟主要生活在非洲又叫鵎鵼，多为中型攀禽，外形略似犀鸟，喙极大，但重量较轻，嘴边缘有锯齿，嘴上有鲜艳色彩。巨嘴鸟科羽毛的颜色也丰富多彩，黑色较多，杂食性。巨嘴鸟科分布于拉丁美洲热带地区，在亚马孙河下游最丰富，6属41种体长36—79厘米（包括喙）；体重115—860克；雄鸟的喙通常比雌鸟的长。

啭或忧伤的鸣声。

营巢于天然洞穴中；有些会入住啄木鸟或大型拟鴷的弃巢，或直接驱逐巢主然后进行扩巢。

窝卵数1—5枚；白色，无斑纹。孵化期为15—18天，雏鸟留巢期40—60天。

63

• 生活习性

巨嘴鸟喜栖于树梢带，亦为最喧闹的森林鸟，可发出隆隆巨响声、号角声与刺耳鸣声。巨嘴鸟吃东西时总是先用嘴尖把食物啄住，然后仰起脖子，把食物向上抛起，再张开大嘴，准确地将食物接入喉咙里，而不必经过那很长的大嘴，把时间花在"吞"的过程中。巨嘴鸟杂食性，以果实、种子和昆虫为食，有时也掠夺小鸟的巢穴，吃掉卵和雏鸟。

巨嘴鸟既有程度不一的群居种类，也有不群居的种类。群居的巨嘴鸟成群规模一般不大，飞行时成零零星星的一列，而不像鹦鹉那样成密密麻麻的一群。大型的巨嘴鸟种类飞行时常常先扇翅数下，然后收翅呈下落之势，继而展翅作短距离滑翔，之后重新开始扇翅上飞。由于长途飞行对

它们而言显得困难重重，故很少穿越大片的空旷地或宽阔的河流。小型种类则相对扇翅频率要快得多，其中簇舌巨嘴鸟外形似长尾小海雀，但飞行时也呈单列。巨嘴鸟喜栖于高处的树干和树枝上，雨天它们会在那上面的树洞里用积水洗澡。配偶会相互喂食，但栖于枝头时并不紧挨在一起，而是用长长的喙轻轻地给对方梳羽。

偶尔，巨嘴鸟也会玩起"游戏"——可能与确立个体的支配地位有关，而这会影响日后的配对结偶。如两只鸟的喙"短兵相接"后，会紧扣在一起相互推搡，直到一方被迫后撤。然后会有另一只鸟过来将喙指向胜利者，而获胜的一方将继续接受下一只鸟的挑战。在另一种游戏中，一只巨嘴鸟抛出一枚果实，另一只鸟在空中接

住，然后以类似的方式掷给第三只鸟，后者可能会继续抛向下一只鸟。

巨嘴鸟后背和尾基的脊椎骨进化得很独特，从而使尾部能够贴于头部。于是，巨嘴鸟栖息时将头和喙埋于向前覆的尾羽下，看上去犹如一个绒球。

• 食物状况

巨嘴鸟以果实为主，也食昆虫、无脊椎动物、蜥蜴、蛇、小型鸟类及鸟的卵和雏鸟。它们在树上活动时，不是攀缘向前，而是跳跃前进，在地面活动时，两只脚分得很开。平时它们仅以雌雄成对或小家庭为单位出没，偶尔成群活动，则总有一只鸟充当哨兵警戒。

巨嘴鸟以食果实为主，饮食中也包括昆虫和某些脊椎动物。一些巨嘴鸟会很活跃地（有时成对或成群）捕食蜥蜴、蛇、鸟的卵和雏鸟等。有些巨嘴鸟会跟随密密麻麻的蚂蚁大军捕捉被蚂蚁惊扰的节肢动物和脊椎动物。打劫鸟巢时，巨嘴鸟五彩斑斓的巨喙常常使受害的亲鸟吓得一动都不敢动，根本不敢发起攻击。只有在巨嘴鸟起飞后，恼怒的亲鸟才会进行反击，甚至会踩在飞行的巨嘴鸟的背上，但在后者着陆前会谨慎地选择撤退。

• 多功能喙

巨嘴鸟的喙实际上很轻，远没有看上去那样重。外面是一层薄薄的角质鞘，里面中空，只是有不少细的骨质支撑杆交错排列着；虽然有这种内部加固成分，巨嘴鸟的喙还是很脆弱，有时会破碎。不过，有些个体在喙的一部分明显缺失后照样还可以生存很长时间。

巨嘴鸟的舌很长，喙缘呈明显的锯齿状，喙基周围无口须。脸和下颚裸露部分的皮肤通常着色鲜艳。有几种眼睛颜色浅的种类在（黑色）瞳孔前后有深色的阴影，

65

使它们的眼睛看起来呈一道横向的狭缝。

数个世纪以来自然学家一直在研究巨嘴鸟这种如此夸张的喙究竟作何用途。它使这些相当笨重的鸟在栖于树枝较粗的树冠内时能够采撷到外层细枝（不能承受它们的重量）上的浆果和种子。它们用喙

尖攫住食物，然后往上一甩，头扬起，食物落入喉中。这一行为可解释喙的长度，但没能解释其厚度和艳丽的着色。

巨嘴鸟的喙同样使它们在觅食的树上对其他食果鸟处于支配地位。此外，也可以帮助不同的巨嘴鸟种类相互识别。如在中美洲的森林里，黑嘴巨嘴鸟

和厚嘴巨嘴鸟的体羽如出一辙，只有通过喙和鸣声才能区分。其中厚嘴巨嘴鸟的喙呈现出几乎所有的彩虹色（七色中仅缺一种）——从这个意义上而言，它的另一个名字彩虹嘴巨嘴鸟也许便贴切。而它的亲缘种黑嘴巨嘴鸟的喙主要为栗色，同时在上颌有不少黄色。巨嘴鸟的喙还可用以求

偶，因为雄鸟的喙相对更细长，犹如一把半月形刀，而雌鸟的喙显得短而宽。

据科学家的相关研究发现，巨嘴鸟的大嘴还有一个特殊用途，在热天高温环境下可帮助它们降温。

巨嘴鸟的喙表层有很多血管流经，因此这种鸟的嘴巴适合作为一种释放热量，保持体温稳定的方法。巨嘴鸟的喙的表面积占这种鸟体表总面积的30%—50%。

相关科学家利用红外摄像机对睡着的巨嘴鸟进行监控，以便查看当夜间周围温度出现波动时，巨嘴鸟的喙的表面温度会发生什么变化。结果发现，天热时巨嘴鸟的喙的温度比日落时高10℃。这种鸟显然能通过控制流经喙的血液量，来释放或者储存热量。因为巨嘴鸟跟其他鸟类一样不会出汗，因此这可能是它们控制体温的一种有效方法。科学家认为，巨嘴鸟通过喙释放的热量是它静止时产生的热量的4倍，这比大象耳朵的散热效果更加有效。

• 分布

大型的巨嘴鸟类，即巨嘴鸟属的7个种类，主要栖息于低地雨林中，有时会出现在邻近有稀疏树木的空旷地上。在海拔1700米以上的地方很少看到它们的身影。它们的喙呈明显的锯齿状，成鸟的鼻孔隐于喙基下面。体羽主要为黑色或栗黑。大部分鸣声嘶哑低沉，但黑嘴巨嘴鸟的鸣啭（"迪欧嘶，啼－哒，啼－哒"）在远处听起

来相当悦耳动听，红嘴巨嘴鸟的鸣声（"迪欧嘶－啼－哒－哒"）也是如此。它们会反复鸣叫这样的音符。

簇舌巨嘴鸟属的10个种类较巨嘴鸟属的种类体型小而细长，尾更长。它们也栖息于暖林及边缘地带，很少出现在海拔1500米以上的地方。上体黑色或墨绿色，腰部深红色，头部通常为黑色和栗色；下体以黄色为主，大部分种类有一处或多处

黑色或红色斑纹，有时会形成一块大的胸斑。它们的长喙呈现出多种色调搭配，包括黑色与黄色、黑色与象牙白、栗色与象牙色、橙色、红色等。喙缘一般呈明显的锯齿状，外表为黑色或象牙色，看上去有几分像牙齿。曲冠簇舌巨嘴鸟头顶有独特的冠羽，宽而粗，富有光泽，犹如金属屑条上了釉后盘绕起来。簇舌巨嘴鸟的鸣声通常为一连串尖锐刺耳的声音，或者如摩托车发出的那种咔嗒咔嗒声；少数种类则没有类似的机械声响，而是为哀号声。至少有部分簇舌巨嘴鸟种类全年栖息于洞穴中，迄今为止这在其他巨嘴鸟种类中不曾发现——尽管其他的巨嘴鸟在鸟类饲养场里也会栖于洞中。

绿巨嘴鸟属的 6 个种类为中小型鸟，体羽以绿色为主。鸣声通常为一连串冗长而不入调的喉音，类似蛙叫和狗吠，以及干涩的咔嗒咔嗒声。它们大部分居于海拔1000—3600 米的冷山林中，也有少数种类部分栖息于低地暖林。秘鲁中部的黄额巨嘴鸟为濒危种。

6 种小巨嘴鸟生活于洪都拉斯至阿根廷北部的低地雨林中，极少出现在海拔 1500 米以上。与其他巨嘴鸟相比，它们的群居性不强，而体羽更多变。所有种类都有红色的尾下覆羽和黄色或金色的耳羽。它们和几种簇舌巨嘴鸟是巨嘴鸟中为数不多的两性差异明显的种类；雏鸟长到4 周大就可以通过体羽来辨别性别。茶须小巨嘴鸟的喙为红棕色和绿色，带有天蓝色和象牙色斑纹。而南美东南部的橘黄巨嘴鸟体羽主要呈绿色和金色至黄色，带有些许红色。这种鸟似乎与簇舌巨嘴鸟有一定的亲缘关系。它通常见于海拔 400—1000 米的地区，有时被视为果园害鸟。

4 种大型的山巨嘴鸟相对鲜为人知。如它们的属名所暗示的，这些鸟生活在委内瑞拉西北至玻利维亚的安第斯山脉中。它们的分布范围从亚热带地区一直延伸至

温带高海拔地区，甚至接近 3650 米的林木线。黑嘴山巨嘴鸟可谓是色彩斑斓的典型代表：下体浅蓝色（在巨嘴鸟中所罕见），头顶黑色，喉部白色，背和翅以黄褐色为主，腰部为黄色，尾下覆羽为深红色，以及腿和尾尖为栗色。雌雄鸟在鸣叫时会先低下头、翘起尾，然后扬起头低下尾发出鸣啭（这一过程与小巨嘴鸟极为相似），同时会伴以咬喙声。其中最为人熟知的是扁嘴山巨嘴鸟，它们红黑色喙的上侧有一块凸起的淡黄色斑。这种鸟是山巨嘴鸟中两个受胁种类之一，原因是安第斯山脉西坡的森林遭到大量砍伐。因种植农业经济作物、经营农场及采矿导致的森林破坏也许很快将威胁到大部分巨嘴鸟的生存——因为它们的栖息地将被人类占用。

多数大型的巨嘴鸟种类将巢营于树干上因腐朽而成的洞中，并且若营巢繁殖成功则会年复一年地使用。不过，由于这样的树洞并非随处可得，故有可能会限制繁殖的配偶数量。一般而言，巨嘴鸟钟爱的洞为木质良好、开口宽度刚好使成鸟钻入，洞深 17 厘米－2 米。当然，树干根部附近若有合适的洞穴，也会吸引通常营巢于高处的种类将巢营于近地面处。如巨嘴鸟会营巢于地上的白蚁穴或泥岸中。小型的巨嘴鸟种类通常占用啄木鸟的旧巢，有时甚至会驱逐现有的主人。大型的扁嘴山巨嘴鸟会经常侵占巨嘴拟鸳的巢——如果后者在树上的巢对前者而言足够大。一些绿巨嘴鸟种类会在朽树上凿洞穴，而小巨嘴鸟种类、山巨嘴鸟种类以及橘黄巨嘴鸟通常先选择洞穴，然后在此基础上做进一步的挖掘工作。事实上，在许多巨嘴鸟种类中，某种程度的凿穴是它们繁殖行为的重要组成部分。巢内无衬材，一窝 1—5 枚卵产于木屑上或由回吐的种子组成的粗糙层面上——随着营巢的进展，这一层会越积越厚。

亲鸟双方分担孵卵任务，但常常缺乏耐心，很少会坐孵一小时以上。易受惊吓，一有风吹草动，就会立即离巢飞走，往往不会将卵遮掩起来。

69

萌鸟之最——熊猫鸟 ＞

珍稀小猛禽——国家二级保护动物"白腿小隼"，它们的物种总数量不超过1000只。

白腿小隼为隼科，小隼属。白腿小隼体型微小（15厘米）的黑白色隼。上体黑色，最内侧次级飞羽具白色点斑。高而生硬的哭叫声shiew及快速重复的kli-kli-kli-kli声。分布于印度东北部、中国南方及越南、老挝、柬埔寨北部。全球性濒危动物。

白腿小隼体型大小与红腿小隼差不多，也是小型猛禽，体长17—19厘米，体重50克左右。羽色与红腿小隼有很大的不同，尤其是下体。头部和整个上体，包括两翅都是蓝黑色，前额有一条白色的细线，沿眼先往眼上与白色眉纹会合，再往后延伸与颈部前侧的白色下体相会合，颊部、颏部、喉部和整个下体为白色。尾

羽也是黑色，只有外侧尾羽的内缘具有白色的横斑。虹膜亮褐色，嘴暗石板蓝色或黑色，脚和趾暗褐色或黑色。由于长相极为可爱，被我国台湾的鸟类专家昵称为"熊猫鸟"。

白腿小隼栖息于海拔2000米以下的落叶森林和林缘地区，尤其是以林内开阔草地和河谷地带，也常出现在山脚和邻近的开阔平原。常成群或单个栖息在山坡高大的乔木树冠顶枝上。主要以昆虫、小鸟和鼠类等为食，常栖息在高大树木上或成圈地在空中飞翔寻觅食物，如果是昆虫，发现后就即刻捕食，如果是小鸟、蛙等较大的食物，则带到栖息地后再吃。繁殖期4—6月，通常营巢于啄木鸟废弃的洞中。巢的底部铺垫有昆虫的碎片。每窝产卵3—4枚。

71

最丑的鸟——鲸头鹳 ❭

地球上最丑的动物，鼎鼎大名的鲸头鹳，身材高大、笨拙，像个大鼻子恐龙，肯尼亚土生土长的鸟类。通过将本身的巨大重量倒进水里来捕鱼。

在欧洲的许多国家，传说新生的婴儿是上帝裹在包袱里由鹳鸟叼到各家各户的。这种鸟和我国神话中的麒麟一样负责"送子"，因此在当地是受到人民尊崇膜拜的神鸟。但是看到这样一张丑陋的脸，人们很难想到它会担当起添丁送福的神圣使命。不过它确实也叫鹳，只是因为它的喙长得像鲸鱼的脑袋而被称作鲸头鹳。

鲸头鹳的英文名称是Whale-headed Stork，还有一个俗名shoebill(这让大家联想到《加勒比海盗》中的"鞋带比尔")，英国人给它起这样一个小丑般具有戏谑意味的名字是因为它的嘴长得还很像靴子，所以鲸头鹳又叫"靴嘴鹳"。

这种鸟能够长到1.2米高，5.5千克重，翼展2.5米。成年鹳主要为灰色，幼年呈棕色。其分

72

布于从苏丹到赞比亚的东非热带地区。

　　鲸头鹳是一种生活在非洲东部地区的大型涉禽。成年雄性鲸头鹳身高可以达到150厘米，野生数量可能不到1万只。鲸头鹳用这种大喙捕鱼那可是相当生猛

的。同样身为鸟类，猫头鹰的眼睛长在同一平面上，因此它们的正面形象较为常见。

　　虽然名字叫鹳，其实现在关于鲸头鹳的分类还存在争议，传统上它被划分到鹳形目，但是最近有些学者使用解剖学的方法认为它的身体结构比较接近鹈鹕，另外一些学者则使用生物化学的手段认为它应该划分到鹭科。不管怎样分类，从长相上看，鲸头鹳的确是一种与鹳非常相近的大型涉禽。

　　鲸头鹳的巨喙看起来会影响飞翔，其实它的喙很轻，你用手抓起它的头时

73

会感到意外的轻。尽管看上去笨拙，实际上是捕食的得力工具。

鲸头鹳通常单独或成对生活，全夜行性。白天隐藏在草丛或苇丛中，黄昏出来觅食，很少有人发现它们。所以直到19世纪才被人类发现，虽然古埃及人和阿拉伯人见过这种怪鸟，但是文献记载鲜见。然而人在浮岛附近休息时却可能看到它在湿地上空翱翔，飞翔时姿态像鹭或鹈鹕那样头颈弯曲成"Z"形。鲸头鹳的鸣管肌基本退化，所以不经常鸣叫，却能发出像白鹳似的"嗒、嗒"声。另外，滑翔中也能发出大的响声。食物为鱼类、青蛙、水生蛇类等，身体隐藏在水边高度适当的茂密的水草丛中，等待捕捉猎物。

到了旱季，沼泽干涸，就掘食潜入泥土中的肺鱼，这种鸟笨拙的嘴很适合捕捉鱼和青蛙，特别是肺鱼和鲶鱼。

鲸头鹳主要生活在陆地上，只能作短距离飞行。它生活在沼泽地里，在那里它涉水寻找例如鱼和青蛙这样的食物。鲸头鹳在陆地上的水生植物上面筑巢，并把它们归拢在一起做成大约3英尺（90厘米）高的土墩。

鲸头鹳通常单

74

鲸头鹳分布于非洲中央内陆，主要栖息在尼罗河上游或东非热带人迹罕至的湖泊、沼泽地带。大多数生活在苏丹，也分布于乌干达、赞比亚、刚果、扎伊尔和津巴布韦等地。鲸头鹳的数量估计在5000—8000只之间。国际鸟盟将其保护现状定为易危。危害的主要来源是栖息地遭破坏、干扰和捕猎。

独生活，领地面积约3平方千米，雨季时繁殖，婚姻方式为一夫一妻制，雌雄二鸟在近水湿地的芦苇草丛中用树枝和芦苇建巢，雌鸟每次产卵1—2枚，但通常只育活一只雏鸟。雌雄交替孵卵，孵化期约30天。双亲共同哺育雏鸟约3个月，3岁性成熟，寿命约36年。

乌干达的"鞋之父"

在东非国家乌干达，凶狠异常的鳄鱼有一个奇异的天敌，这是一种鸟，被当地人称之为"鞋之父"，该种鸟有这个怪名，不是因为它会做鞋，当然也不是因为它"发明"了鞋，而是因为它的鸟喙很像鞋，尤其是像荷兰人的木鞋。

这只"鞋"非同小可，不仅尖端尖锐异常，而且周边也像快刀般锋利，能够穿透鳄鱼厚厚的皮肤，并且上下两片夹紧猎物，就像一个工件被夹在钳工的老虎钳上。这种鸟主要生活在乌干达的基奥加湖。除了鳄鱼以外，它还捕食肺鱼、六须鲇鱼、水蛇、蜗牛和青蛙等动物。也许它们和我们中国人一样，认为甲鱼能"大补"，不仅爱吃甲鱼，而且连其龟甲也能吞进，消化力之强，令人瞠目。

"鞋之父"鸟是一种大鸟，通常身高1.4米，体重7千克，两翼展开时宽达2.6米。它捕食幼小鳄鱼的方式也很独特。它站在水中，将喙靠在胸膛边，一动不动半天之久，远处看去，活像一块树立在水中的纪念碑。没有经验的小鳄鱼，不知就里，终于上当，游到了它的脚下，刹那间，"鞋之父"鸟飞身潜水，然后立即钻出水面，尖喙夹着已经死亡的小鳄鱼直上云天，后又落在一块岩石上享受美味佳肴。"鞋之父"鸟捕捉鳄鱼时极为神速，吃起来却大费时间。原来，

鳄鱼上缠着许多像面条一样的水草，必须去掉。"鞋之父"鸟在岩石上耐心地翻抖鳄鱼，直到水草脱落，这至少需要15分钟。

"鞋之父"鸟将巢建在4米多高的岩石上，用水草铺成。它一次繁育2到3只幼鸟，孵卵期为45天，雌雄鸟共同孵化，每6小时值班一次。幼鸟出壳后，它们的双亲将猎物断裂为小块，夹在喙中。似乎永远饥饿的幼鸟跳起扑上，抢去肉块，急忙吃下。4周后，幼鸟的喙已经长得很长，足以一下子吞进一条60厘米长的水蛇。5周后，幼鸟进食量更大，它们的父母几乎夜以继日地捕食才能满足它们的需求，只是在无月之夜才不去捕食。

最使幼鸟难以忍耐的是热带溽热的气候，颇有爱子之心的成年"鞋之父"鸟也有高招，来为爱子降温。这时，它们的"鞋"又派上了用场，成为了"飞行水箱"：成年鸟用这个巨大的喙满含湖水，然后向幼鸟喷出，幼鸟就站在下面舒服地洗了一次淋浴。如果此时它们还口渴，也能方便解渴，只要张开嘴，就喝到了"自来水"。

只有很少的动物园豢养了"鞋之父"鸟，但是奇怪的是，在动物园中的"鞋之父"鸟，没有生育能力，因此它们都是人们首先捕捉到的幼鸟，而在动物园中长大的。

最聪明的鸟 〉

非洲灰鹦鹉属于大型鹦鹉，尾巴短，头部圆，面部长毛，喜攀爬，不善飞翔。非洲灰鹦鹉在所有鹦鹉爱好者中是最具有吸引力的品种，用"最聪明的鸟"来形容它也不为过，它们也是已知的几种可以和人类真正交谈的动物之一；即使是最漂亮的灰鹦鹉亚种，也不能和其他鹦鹉相比，但它们用高智商弥补了外貌上的平庸，这也使得它们成为知名度最高的宠物鸟之一。

以擅仿人语闻名的非洲灰鹦鹉，一直是宠物鸟市场上最受欢迎的种类之一。它们的高智商与优越的模仿能力通常是最为人所称道的天赋，也是世界各地中大型鹦鹉中最常见的种类之一，从小饲养的灰鹦不但受人喜爱，且十分乖巧、亲近人且安静，的确是中大型鹦鹉中最佳的选择之一，一般认为，灰鹦鹉比其他鹦鹉更需要钙质，未受主人重视、关爱，或是压力大、沮丧、无聊、笼舍过小的灰鹦容易导致拔羽的症状。

非洲灰鹦鹉主要有2个亚种——刚果灰鹦与提姆那灰鹦鹉，但如要再细分，还有加纳灰鹦鹉与喀麦隆灰鹦鹉，外表几近相同。加纳灰鹦鹉只栖息在几内亚湾的普林斯波岛与比欧克岛上，提姆那灰鹦鹉的体型明显地小了一号，上喙部带蜡黄色，尾部为深红褐色，体羽较深，此亚种并不常见；主栖息在低海拔地区，雨

林、森林边缘地带、红树林地、热带稀树草原、农作物区都是它们主要的活动地区，群居性，喜爱在近河流与湖泊边的树上或棕榈树上栖息。

非洲灰鹦鹉身长33—41厘米，体重480—560克，平均寿命约50年。属于大型鹦鹉，尾巴短，头部圆，面部长毛，喜攀爬，不善飞翔。身体为深浅不一的灰色，脸部眼睛周围有一片狭长的白色裸皮；头部和颈部的灰色羽毛带有浅灰色滚边，腹部的灰色羽毛则带有深色滚边；主要飞行羽灰黑色；尾羽鲜红色；鸟喙黑色，虹膜黄色。幼鸟尾羽尖端带有黑色，虹膜为浅灰色，随着年纪渐长会变为黄色，尼日利亚地区的非洲灰鹦鹉体色一般较深。

雌雄分辨方法：从外观雄性的头形较阔大，眼头尾两边略尖呈杏形，相反雌性头形较窄小，眼圈较圆。两个亚种中灰鹦鹉身上羽毛呈银灰色，尾羽鲜红色，喙部为黑色；提姆那灰鹦鹉外表跟非洲灰鹦鹉近乎相同，但体形明显较小，身上的银色羽毛则较深色，尾羽呈红褐色，喙部为粉肉色，性格较活泼，相比没那么害羞，模仿人语能力跟灰鹦鹉不相伯仲。

79

• 生活习性

非洲灰鹦鹉通常栖息在低海拔地区及雨林。群居性，喜爱在近河流与湖泊边的树上或棕榈树上栖息，觅食的时候通常一小群一起行动，喜食各类种子、坚果、水果、花蜜、浆果等，有时也会至农作物田园中觅食，造成农业损失，尤其是玉米田。

灰鹦鹉繁殖期开始于 3 岁左右，繁殖季节因地而异，东非约在 1 至 2 月及 6 至 7 月的干燥季节中，筑巢在离地 10—30 米高的树洞内，通常一窝产 2—3 枚蛋，偶尔 4 枚。非洲灰鹦鹉的人工繁殖在国际上非常成功，所以数量充足；但提姆那灰鹦鹉则已面临绝种。繁殖期时灰鹦对于人为打扰相当敏感，必须将人为干扰减至最低，亲鸟对于巢箱检查也很敏感，一窝约产 3—4 枚蛋，5 枚的情形较少见，平均为 3 枚，母鸟通常在第 2 枚蛋生出后开始

孵蛋，孵化期在 28—30 天，幼鸟刚孵出时只有 14—16 克重，5 厘米长，在 75—80 天后羽毛长成。

饲养非洲灰鹦鹉应选用坚固的金属而有足够空间以供活动的鸟笼，同时亦要预备不同种类的玩具满足它们的好奇心并有助于消磨时间，减低它们待在笼中的焦躁烦厌感，免得养成咬毛症。饲养非洲灰鹦鹉除了供给均衡营养的食物外，钙质的补充尤其重要，它们生性善妒、害羞，希望受重视，若长时间受冷落或无聊、感觉沮丧很容易导致拔毛症的心理疾病，所以应给予大量玩具及足够陪伴它们的时间。

刚引入饲养的灰鹦鹉成鸟通常十分紧张与不安，尤其是野生鸟通常表现得非常焦虑，适应新环境的时间较长，它们算是中大型鹦鹉中比较安静的种类，不常打扰它们就不太会嘈杂，但是灰鹦也是中大型鹦鹉中较容易养成拔羽恶习的种类之一，无聊、焦虑、缺乏关爱、空间狭小、压力、营养不均衡等因素皆有可能导致拔羽症，饲主宜多加注意和照顾，手养的幼鸟非常可爱迷人，它们过人的模仿能力使得主人在饲养的过程中特别有趣，许多幼鸟在主人用心教导之下很快就学会说话，是很理想的宠物鸟，需提供多样性的食物，各种蔬菜、水果、种子、坚果、谷物需均衡提供，尤其是钙质的摄取尤为重要，日常生活中可以添加维生素补充剂。

灰鹦鹉基本上是雌雄同体的，从肉眼去分辨雌雄较困难。有些朋友说用手抚探其盘骨，分叉阔者为雌，反之为雄。此法有点以偏概全。较准确的是以科学的 DNA(deovyribonucleicacid 去氧核糖核酸) 法，即用雀鸟新拔羽毛或血液，在化验室测试较为科学准确。在这里为各位提供一种较少为人用的分辨方法，此法是玛格瑞特博士在其一文章中提及的。1 周岁后经过第 1 次换毛成功的雄性非洲灰鹦鹉，其上层红色尾毛较深红色及较挺拔结实，雌性则较松散及多银羽毛。雄性翅膀底部羽色较黑，雌则较浅灰。据玛格瑞特博士说此分辨法有 95% 准确率。

飞得最高的鸟 >

大天鹅是一种候鸟，没有亚种分化，它是世界上飞得最高的鸟类之一（能和

它比高的还有高山兀鹫），能飞越世界屋脊——珠穆朗玛峰，最高飞行高度可达9000米以上，否则就可能会撞在陡峭的冰崖上丧生。

它们春秋两季在中国北方、俄罗斯西伯利亚等繁殖地和中国长江流域及以南的越冬区之间进行迁徙。大天鹅身上的羽毛非常丰厚，全身的羽毛有2.5万多根，所以可以有效地抵抗严寒的气候，在-36℃～-48℃的低温下露天过夜也能安然无恙。

大天鹅又叫白天鹅、鹄，是一种大型游禽，体长120—160厘米，翼展218—243厘米，体重8—12千克，寿命8年。全

身的羽毛均为雪白的颜色，大小类似疣鼻天鹅，但也有明显差异。大天鹅有黄色和黑色的嘴，只有头部和嘴的基部略显棕黄色，嘴的端部和脚为黑色。虹膜为褐色。它的身体肥胖而丰满，脖子的长度是鸟类中占身体长度比例最大的，甚至超过了身体的长度。腿部较短，脚上有黑色的蹼，游泳前进时，腿和脚折叠在一起，以减少阻力；向后推水时，脚上的蹼全部张开，形成一个酷似船桨的表面，交替划水，如履平地。它还常常用尾部的尾脂腺分泌的油脂涂抹羽毛，用来防水。

大天鹅的喙部有丰富的触觉感受器，叫作赫伯小体，主要生于上、下嘴尖端的里面，仅在上嘴边缘每平方毫米就有27个，比人类手指上的还要多，它就是靠嘴缘灵敏的触觉在水中寻觅水菊、莎草等水生植物，有时也捕捉昆虫和蚯蚓等小型动物为食。

幼鸟身上是灰棕色羽毛，嘴呈暗肉色。一年后它们才完全长出和成鸟的羽毛相同的白羽毛。

• 生活习性

大天鹅9月中下旬开始离开繁殖地往越冬地迁徙，10月下旬至11月初到达越冬地。翌年2月末3月初又离开越冬地往繁殖地迁徙，3月末4月初到达繁殖地。迁徙时常成6—20只的小群或家族群迁飞。飞行高度较高，队列整齐，常成"一"字形、"人"字形和"V"字形。通常边飞边鸣，鸣声响亮而单调，有似"ho-ho-"或"hour-"的喇叭声音，但联络叫声如响亮而忧郁的号角声。生性机警，理论人类

接近距离为300米左右，被其发现守卫会向群体发出信号，然后大批飞远。在山东省荣成市烟墩角天鹅湖，人们与大天鹅的距离可以缩短到2米，甚至1米。被誉为世界上可以与大天鹅"零距离接触"的地方之一。迁徙多沿湖泊、河流等水域地区进行，沿途不断停息和觅食，因此迁徙持续时间较长。

栖息于开阔的、水生植物繁茂的浅水水域。除繁殖期外成群生活，昼夜均有活

动,胆怯,善游泳。迁徙时以小家族为单位,飞行时较疣鼻天鹅静声得多。

大天鹅以水生植物的根茎、叶、种子为食,也吃少量动物食物,如软体动物、水生昆虫。以水栖昆虫、贝类、鱼类、蛙、蚯蚓、软体动物、苜蓿、谷粒和杂草等为食。

大天鹅保持着一种稀有的"终身伴侣制",在南方越冬时不论是取食或休息都成双成对。雌天鹅在产卵时,雄天鹅在旁边守卫着,遇到敌害时,它拍打翅膀上前迎敌,勇敢地与对方搏斗。它们不仅在繁殖期彼此互相帮助,平时也是成双成对,如果一只死亡,另一只也确能为之"守节",终生单独生活。

泊和沼泽地带,主要以水生植物为食。每年三四月间,它们大群地从南方飞向北方,在中国北部边疆省区产卵繁殖。

雌天鹅都是在每年的5月间产下二三枚卵,然后雌鹅孵卵,雄鹅守卫在身旁,一刻也不离开。一过10月份,它们就会结队南迁。在南方气候较温暖的地方越冬,养息。

• 生活环境

大天鹅是一种冬候鸟,喜欢群栖在湖

在我国雄伟的天山脚下,有一片幽静的湖泊——天鹅湖,每年夏秋两季,这里有成千上万的大天鹅在碧绿的水面漫游,就像蓝天上飘动着的朵朵白云,好看极了。

北半球分布的 4 种白色的大天鹅很早就为人们所认识，由于大天鹅的羽色洁白，体态优美，叫声动人，行为忠诚，在欧亚大陆发展的东方文化和西方文化，不约而同地把白色的大天鹅作为纯洁、忠诚、高贵的象征。

中国古代称大天鹅为鹄、鸿、鹤、鸿鹄、白鸿鹤、黄鹄、黄鹤等，许多地名中仍包含了这些词汇，比如雁门关、鹄岭、鹄泽、黄鹤楼等，至今有些地方依旧是大天鹅等雁形目鸟迁徙的重要通道。《诗经》中有"白鸟洁白肥泽"的记载，至今日语中的"白鸟"就是指大天鹅。天鹅一词最早出现于唐朝李商隐的诗句"拨弦警火凤，交扇拂天鹅"。

日本是天鹅的越冬地之一，日语中大天鹅的古名有 20 多个，有的如"鸿""鹄"等是由中国传入，有的则是大天鹅栖息的地区的名字，还有的用的是大天鹅鸣叫的拟声词，有的是对大天鹅形态的描述。在日本有关大天鹅的故事很多，它们被认为是天的使者，是"神鸟"。

古希腊对于大天鹅的记述很多，亚里士多德的《动物志》就论述了大天鹅的习性和行为，还有大天鹅形态解剖的记载。《希腊鸟谱》一书中对于大天鹅临终的鸣叫有着动人的描述，西方文化中，将文人的临终绝笔称之为"天鹅绝唱"正来源于此。在英国，卓

越的诗人或歌手可以与大天鹅作比，例如莎士比亚的雅号正是"艾冯的天鹅"。

西方的音乐和文学作品中也有大天鹅的形象，圣桑的《天鹅之死》、柴可夫斯基的舞剧《天鹅湖》中都有大天鹅高贵、圣洁的形象，安徒生用大天鹅羽色的变化演绎了一篇动人的《丑小鸭》。星空中的星座也有大天鹅的身影（天鹅座），那是希腊神话中宙斯的化身，许多艺术家都以莱达与大天鹅为题材创作了传世的美术作品。世界各地以大天鹅命名的地名更是数不胜数，姓氏中的 Swan 也是来源于这种美丽而洁白的鸟。

《天鹅》是人们熟悉并为之感动的优雅、温柔的大提琴曲，它出自圣桑的管弦乐《动物狂欢节》。《动物狂欢节》由 14 首独立的短小乐曲组成，（一）序奏及狮王的行进；（二）公鸡和母鸡；（三）野马；（四）乌龟；（五）大象；（六）袋鼠；（七）水族馆；（八）长耳人；（九）林中杜鹃；（十）大鸟笼；（十一）钢琴家；（十二）化石；（十三）天鹅；（十四）终曲。《天鹅》是第十三首，它不仅是一首大家所熟悉的脍炙人口的名曲，也是作者在这部作品中唯一允许在他生前叫人演出的乐曲，被视作圣桑的代表作品，这首大提琴曲被改编成各种乐器的独奏曲，甚至被改编为芭蕾舞《天鹅之死》。

游泳速度最快的鸟——巴布亚企鹅 〉

巴布亚企鹅是生活在英属福克兰群岛的一种鸟类，游水最快的鸟，被称为企鹅中的战斗机。它们对深海捕鱼颇为擅长。摄影师捕捉到了它们在海面滑行的有趣镜头。

巴布亚企鹅以石子或草筑巢，视地区而不同。企鹅的求偶行为和配偶辨认

行为异常复杂，雌企鹅每次产2枚蛋，约36天孵化，每次抚育2只小企鹅。在孵化期，雄鸟和雌鸟通常每1—2天轮换一次孵

巴布亚企鹅通常在近海较浅处觅食，主要食物为鱼和南极磷虾，特别是后者，是巴布亚企鹅的首选猎物。巴布亚企鹅有时也深潜至海中100米处，但潜水时间通常仅持续0.5—1.5分钟，很少超过2分钟，而且有85%潜水不足20米。巴布亚企鹅现大约有63万只。

卵或育雏任务，因此在繁殖期的大部分时间内，它们都不必进行长时间的禁食。另外，在繁殖期，巴布亚企鹅只在群居地方圆10—20千米的范围内活动。

幼鸟前后换羽两次（这在鸟类中独一无二）。主要敌害有贼鸥、海豹。巴布亚企鹅非常胆小，当人们靠近它时，会很快地逃走。雌企鹅在南极的冬季产卵，每次2枚，雌、雄企鹅轮流孵卵，先雄后雌，每隔1—3天换班一次。孵卵期较长，达

七八个月，小企鹅发育较慢，3个月后才能下水。如果2枚卵都孵化出来，它们就抢着让父母喂自己食物。这时，企鹅父母会逃到一边去，小企鹅们将紧紧地追着父母要喂它们。体大的、年长的小企鹅在比赛中获胜，得到父母的食物，另一只小企鹅只好等下一次了。如果食物不充足，通常第二只孵出来小企鹅会被饿死。

在南大西洋的马尔维纳斯群岛（又称福克兰群岛）年均气温为5℃，是耐寒野生动物的天堂，大量企鹅在这里自由自在地生活。

巴布亚企鹅，又名金图企鹅，它们体型较大，身长有60—80厘米，重约6千克，眼睛上方有一个明显的白斑，嘴细长，嘴角呈红色，眼角处有一个红色的三角形，显得眉清目秀。因其模样，有如绅士一般，十分可爱，因而俗称"绅士企鹅"。因为这讨喜的长相，巴布亚企鹅深得大家的喜爱，人们常常不远万里地前来观赏。在南美洲马尔维纳斯群岛斯坦利港附近的海滩上，成群的企鹅每年吸引大约7万名游客前来观看，此外这里原生态的自然环境也是吸引游人们的一大看点。

飞行距离最远的鸟 〉

北极燕鸥可以说是鸟中之王，它们在北极繁殖，却要到南极去越冬，每年在两极之间往返一次，行程数万千米，是世界上飞得最远的鸟。人类虽然是万物之灵，已经造出了非常现代化的飞机，但要在两极之间往返一次，也绝非易事，因此，燕鸥那种不怕艰险追求光明的精神和勇气特别值得人类学习。因为，它们总是在两极的夏天中度日，而两极的夏天太阳总是不落的，所以，它们是地球上唯一永远生活在光明中的生

灰白色的，若从上面看下去，和大海的颜色融为一体。而身体下面的羽毛都是黑色的，海里的鱼若从下面望上去，很难发现它们的踪迹。再加上尖尖的翅膀，长长的尾翼，集中体现了大自然的巧妙雕琢和完美构思。可以说，北极燕鸥是北极的神物！

物。不仅如此，它们还有非常顽强的生命力。1970年，有人捉到了一只腿上套环的燕鸥，结果发现，那个环是1936年套上去的。也就是说，这只北极燕鸥至少已经活了34年。由此算来，它在一生当中至少要飞行150多万千米。

燕鸥也是一种体态优美的鸟类，其长喙和双脚都是鲜红的颜色，就像是用红玉雕刻出来的。头顶是黑色的，像是戴着一顶呢绒的帽子。身体上面的羽毛是

北极燕鸥只会照料和保护小部分的幼鸟。成鸟会长期养它们的幼鸟，并帮助它们飞往南方过冬。它们主要吃鱼和水生的无脊椎动物。此物种数量很多，约为100万个个体。栖息于沼泽、海岸等地带。成群活动。以鱼、甲壳动物等为食。北极燕鸥的繁殖区遍及全球且非常接近极

地；它们暂时并未被发现有任何亚种。北极燕鸥的分布区域达1000万平方千米。

北极燕鸥是飞得最远的鸟类。它是体型中等的鸟类，习惯于过白昼生活，所以被人们称为"白昼鸟"。当南极黑夜降临的时候，便飞往遥远的北极，由于南北极的白昼和黑夜正好相反，这时北极正好是白昼。每年6月在北极地区"生儿育女"，到了8月份就率领"儿女"向南方迁徙，飞行路线纵贯地球，于12月到达南极附近，一直逗留到翌年3月初，便再次北行。北极燕鸥每年往返于两极之间，飞行距离达4万多千米。

通过对燕鸥做标记然后对它们的活动进行追踪，人们很大程度上清楚了这些燕鸥的迁徙路线。如许多加拿大境内的北极燕鸥，通过西风带穿越大西洋到达欧洲沿海，然后南下。虽然大部分种类从海上迁徙（途中进行觅食），但也不乏

选择陆上线路的。如许多沼泽地燕鸥会从繁殖地穿越撒哈拉沙漠抵达它们在非洲的过冬地。据研究人员估计，由于北极燕鸥经常活30多年，它一生要飞行大约150万英里（240万千米），相当于往返月球3次。

一个可以证明北极燕鸥非凡飞行能力的例子是1982年的事。1982年夏天，人们把一只羽翼未丰的小北极燕鸥系放于英国诺森伯兰郡法尔恩群岛，在那一年的10月，它在澳大利亚的墨尔本被发现，证明它这只羽翼未丰的小北极燕鸥在短

短的三个月中已横越海洋，飞行了超于2.2万千米。另一例子是在1928年7月23日把一只小北极燕鸥置于加拿大拉布拉多，并在4个月以后在南非被发现。

以前，科学家只能利用追踪器对大型鸟类进行追踪，因为对小型鸟类来说，

93

燕鸥仍沿着"Z"字形路线飞行。这些小鸟并不是直接飞往大西洋中部，而是从南极洲飞往南美洲，然后再到北极。但是它们的这一疯狂行为很有秩序。伊格冯说："这是一个数千千米的绕行路线。但是当你对它进行分析时，发现这非常合理，非常有秩序。"他表示，这些小鸟显然在循着一个巨大的螺旋风模式飞行，以避免飞入风中。

尽管有这样一条路线，但是人们并不清楚北极燕鸥为什么要进行这么长的迁徙。伊格冯说："我认为，它们是在循着丰富的（极地）觅食区飞行。"这项研究成果发表在最新一期的《美国国家科学院院刊》上。

这些仪器太大，它们很难带动。不过科研组采用的由英国南极调查局研发的一种微型追踪器，重量仅为1.4克，把它绑在北极燕鸥这样的小型鸟类腿上，它们仍能自如飞行。发现北极燕鸥经常在北大西洋停留一个月，研究人员感到非常吃惊，推测也许它们是为了在那里捕点小鱼和甲壳动物吃，以补充能量，然后开始飞越热带地区。春季从格陵兰返回时，北极

彪悍的北极燕鸥

　　北极燕鸥不仅有非凡的飞行能力，而且争强好斗，勇猛无比。虽然它们内部邻里之间经常争吵不休，大打出手，但一遇外敌入侵，则立刻尽弃前嫌，一致对外。北极燕鸥聪明而勇敢，总是聚成几万只的大群，进行集体防御。貂和狐狸非常喜欢偷吃北极燕鸥的蛋和幼鸟，但在如此强大的阵营面前，也得三思而后行之。就连最为强大的北极熊也怕它们三分。有人曾看到过这样一个场面：有头北极熊试图悄悄逼近一群北极燕鸥的聚居地，想偷它们的蛋或者幼鸟吃。但当它那笨拙的身躯一暴露，北极燕鸥立刻出击，成群结队冲下去，用坚硬的喙猛啄北极熊的脑袋。北极熊只有招架之功，却回击乏术，只好摇晃着脑袋，踮着屁股，逃窜而去。

长相最奇特的鸟——猫头鹰 ›

鸮形目中的鸟被叫作猫头鹰，有130余种。在除南极洲以外所有的大洲都有分布。大部分种为夜行性肉食性动物。猫头鹰头宽大，嘴短而粗壮前端呈钩状，头部正面的羽毛排列成面盘，部分种类具有耳状羽毛。双目的分布，面盘和耳羽使猫头鹰的头部与猫极其相似，故俗称猫头鹰。猫头鹰因其独特习性也成为一种文化现象。例如电影《猫头鹰》、歌曲《猫头鹰》、书籍《猫头鹰王国》。

猫头鹰体型大小不一，大者如雕鸮体长可达90厘米，小者如东方角鸮体长不及20厘米。

它们头部硕大的双目均向前是猫头鹰共有且区别于其他鸟类的特征，头部正面的羽毛排列成面盘，部分种类具有

耳状羽毛。猫头鹰的耳孔位于头部两侧且分布和形状均不对称,这有利于它们在黑暗中准确定位声音的来源。

猫头鹰的视觉敏锐。在漆黑的夜晚,能见度比人高出100倍以上。它们瞳孔很大,使光线易于入眼,视网膜中视杆细胞(只有一种视觉色素,即视紫红质能辨明暗,不能辨细节和颜色)非常丰富,却不含视锥细胞(在强光刺激下方会被激活,有3种视觉色素,能辨细节和颜色),以至眼内成圆柱状(而非球状),对弱光也有良好的敏感性,适合夜间活动。

由于柱状的眼球有坚硬的巩膜环支

撑,所以眼睛并不能向不同方向转动,要望不同方向时需转动整个头部。也因此猫头鹰有着灵活的颈骨,颈部可旋转270度。另外,眼中有3张眼睑,上眼睑会于眨眼时放下,下眼睑会于睡觉时盖上,而中眼睑是一线状组织,会于眼面上下移动清洁眼面。不同于其他鸟类,猫头鹰双目向前,视区重叠,可因此分辨距离。猫头鹰翅形不一,一般短圆,初级飞羽11枚,次级飞羽缺第五枚,尾短圆,尾羽12枚,部分种类10枚。它们腿强健有力,爪强锐内弯,部分种类如雕鸮,整个足部均被

97

羽，外观极其强悍。趾形均为转趾足，即第四趾可以前后转动。猫头鹰全身羽毛柔软轻松，羽色大多为棕褐灰色，柔软的羽毛有消音的作用，使猫头鹰飞行起来迅速而安静，加上暗淡的羽色，非常适合夜间活动。

猫头鹰的雌鸟体型一般较雄鸟为大。头大而宽，嘴短，侧扁而强壮，先端钩曲，嘴基没有蜡膜，而且多被硬羽掩盖。它们左右耳不对称，左耳道明显比右耳道宽阔，且左耳有发达的耳鼓。大部分猫头鹰还生有一簇耳羽，形成像人一样的耳廓。听觉神经很发达。一个体重只

有300克的仓鸮约有9.5万个听觉神经细胞，而体重600克左右的乌鸦却只有2.7万个。

和其他鸟类不同，猫头鹰的卵是逐个孵化的，产下第一枚卵后，便开始孵化。猫头鹰是恒温动物。

• 生活习性

猫头鹰大多栖息于树上，部分种类栖息于岩石间和草地上。

猫头鹰绝大多数是夜行性动物，昼伏夜出，白天隐匿于树丛岩穴或屋檐中不易见到，但也有部分种类如斑头鸺鹠、纵纹腹小鸮和雕鸮等白天亦不安寂寞，常外出活动；一贯夜行的种类，一旦在白天活动，常飞行颠簸不定有如醉酒。

猫头鹰的食物以鼠类为主，也吃昆虫、

小鸟、蜥蜴、鱼等动物。它们都有吐"食丸"的习性，其嗉囊具有消化能力，食物常常整吞下去，并将食物中不能消化的骨骼、羽毛、毛发、几丁质等残物渣滓集成块状，形成小团经过食道和口腔吐出，叫食丸，也叫唾余。科学家可以根据对食丸的分析，了解它们的食性。

猫头鹰一旦判断出猎物的方位，便迅

速出击。猫头鹰的羽毛非常柔软，翅膀羽毛上有天鹅绒般密生的羽绒，因而猫头鹰飞行时产生的声波频率小于1千赫，而一般哺乳动物耳朵是感觉不到那么低的频率的。这样无声地出击使猫头鹰的进攻更有"闪电战"的效果。据研究，猫头鹰在扑击猎物时，它的听觉仍起定位作用。它能根据猎物移动时产生的响动，不断调整扑击方向，最后出爪，一举奏效。

猫头鹰是色盲，也是唯一不能分辨颜

99

色的鸟类，除了某些过惯了夜生活的鸟类，如猫头鹰等，因为视网膜中没有锥状细胞，无法辨认色彩以外，许多飞禽都有色彩感觉。乌鸦在高空飞行需要找到降落的地方，颜色会帮助它们判断距离和形状，它们就能够抓住空中飞的虫子，在树枝上轻轻降落。鸟类的辨色能力也有利于它们寻找配偶。试想，雄鸟常用艳丽的羽毛吸引异性，如果它们感受不到颜色，那雄鸟还有什么魅力呢？

• 奇特的手电猫头鹰

在非洲有种猫头鹰，眼睛可以发出像手电般的光，而且亮度可以调节，当地土著就利用猫头鹰来捕猎，更为神奇的是，猫头鹰眼睛里发出的光照在动物眼睛上，动物竟毫无察觉。据非洲当地人说，猫头鹰的眼睛射出的光可以让猎物呆立不动。目前并未知道其他地方猫头鹰是否如此。

猫头鹰文化

中国民间有"夜猫子进宅，无事不来"、"不怕夜猫子叫，就怕夜猫子笑"等俗语，常把猫头鹰当作"不祥之鸟"，称为逐魂鸟、报丧鸟等，古书中还把它称之为怪鸱、鬼车、魖魂或流离，当作厄运和死亡的象征。产生这些看法的原因可能是由于猫头鹰的长相古怪，两眼又大又圆，炯炯发光，使人感到惊恐；两耳直立，好像神话中的双角妖怪，使得古人多用"鸱目虎吻"来形容其凶暴之貌；猫头鹰在黑夜中的叫声像鬼魂一样阴森凄凉，使人更觉恐怖，古时称它为"恶声鸟"，《说苑·鸣枭东徙》中有"枭与鸠遇，曰：我将徙，西方皆恶我声。……"的寓言故事。此外，猫头鹰昼伏夜出，飞时像幽灵一样飘忽无声，常常只见黑影一闪，也使对其行为不甚了解的人们产生了种种可怕的联想。

希腊神话中的智慧女神雅典娜的爱鸟是一只小鸮（猫头鹰的一种，被认为可预示事件），因而古希腊人把猫头鹰尊敬为雅典娜和智慧的象征。

在日本，猫头鹰被称为是福鸟，还成为长野冬奥会的吉祥物，代表着吉祥和幸福。

人们害怕猫头鹰就认为可以用它来驱除邪恶。据此，残害猫头鹰的多马人，却用猫头鹰的模拟像来镇邪恶。

在英国，人们认为吃了烧焦以后研成粉末的猫头鹰蛋，可以矫正视力。约克郡人则相信用猫头鹰熬成的汤可以治疗百日咳。

在J.K.罗琳的魔法小说《哈利·波特》中，猫头鹰和蟾蜍等是巫师们的宠物。在这些宠物中，猫头鹰是最高贵也是最受欢迎的一种。因为它们不仅可以帮助主人发放邮件，是个名副其实的"邮递员"，而且它们能够通晓人类的感情和语言，是具有智慧的。

加拿大温哥华印第安人的后裔现在仍保留猫头鹰的图腾舞，不但有大型木雕的猫头鹰形象，而且有舞蹈，舞者衣纹为猫头鹰，全身披挂它的猎获物老鼠。

人们这种对猫头鹰互相矛盾的两极化感情，在莎士比亚那里也可以找到。他在《尤利乌斯·恺撒》和《马克白斯》剧作中用猫头鹰的叫声预示着死亡；而在《爱的徒劳》剧作中，却是猫头鹰唱出"欢乐的歌声"。作为一种文学比喻，猫头鹰可以在古代神话中找到，也可以在旧约圣经中找到，还可以在海明威和米尔恩的著作中找到。

最灵巧的鸟类 ＞

• 缝纫鸟

缝纫鸟又叫"灵雀"、"攀雀"，蒙古族称之为"乌仁·巴丽珠海"，意思是缝纫技

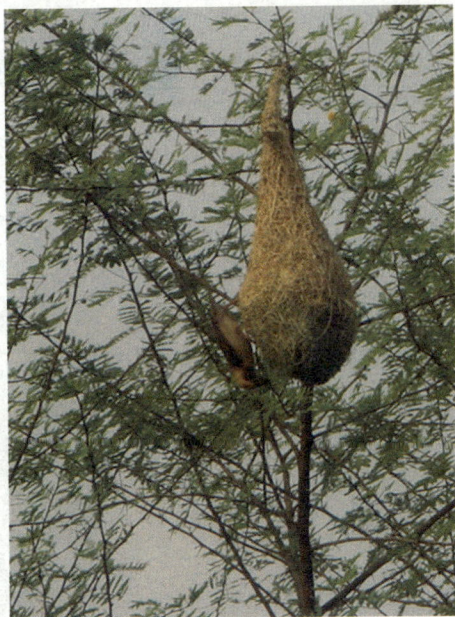

立陶宛、匈牙利、意大利。

• 外形

雄鸟：体型纤小（11厘米）的浅色攀雀，额及脸罩黑色，有时延伸至顶后，但

艺好，灵巧的鸟儿。它略小于麻雀，羽毛呈黄色，颈上有一道黑圈儿，鸣叫声婉转动听。夏季多以蚂蚱、蝗虫、蠓虫和蛾子等昆虫为食，属于益鸟。

缝纫鸟为攀雀科攀雀属的鸟类，俗名洋红儿。分布于欧洲、亚洲、西伯利亚、蒙古、朝鲜、日本、巴基斯坦、印度，包括中国大陆的黑龙江、吉林、辽宁、宁夏、新疆、华北、长江中下游以至云南等地，一般栖息于近水的苇丛和柳、桦、杨等阔叶树间。该物种的模式产地在欧洲波兰、

与栗色上背之间有白色领环。雌鸟：色暗，顶冠及领环灰色。幼鸟：体羽较单一的黄褐色，具略深的脸罩。与中华攀雀的区别在下体色较浅，宽黑色的前额且成鸟具偏白色领环。虹膜红褐色；嘴深褐至灰色；脚深灰色。冬季结群。通常更喜栖于树上。

• 中非"缝纫鸟"

我国作家玛拉沁夫笔下的非洲"缝纫鸟"，筑巢的原材料是草，中国"缝纫鸟"——

灵雀筑巢的原材料是马尾、兽毛。两者相比，后者的筑巢技艺要高于前者，筑巢难度也大于前者。

每年春暖花开之际，缝纫鸟正是紧张劳作之时，它们双双忙碌着筑巢建窝。幽幽的河岸，寂静的山林，人迹罕至的高山草原，都是它们的理想家园。它们在筑巢时就地取材，首先选择长一些的马尾，用嘴缠绕在树枝上，拴牢后衔来羊毛、牛毛和马毛等，开始缝纫编织，还要用嘴衔来水，洒在上面，并用爪子不断地蹬踩，直到踩实

为止。灵雀筑巢，主要是靠那灵巧的尖嘴，然后才是爪子。筑巢的时间较长，付出的辛苦是可想而知的。

缝纫鸟在整个筑巢过程中不断地用脚爪摁住羊毛绒絮，用嘴将其拉伸延长成长形的纤维……缝纫鸟将羊毛拉长的纤维反复缠绕在树枝上固定整个巢，也将羊毛拉长的纤维反复缠绕在巢壁的外面，包裹里面的柳絮、花序以及羊毛。缝纫鸟搜集众多的柳絮、花序以及羊毛增加巢壁的厚度，不光是为了保暖，也是为了增加巢的重量，不然的话稍许的风就会把巢吹得上下翻飞，住在里面的雏鸟每天都会在里面不停地翻跟头，攀雀的巢也有点像我们被子的棉胎：外面密密的线网包裹着厚实的棉花。

缝纫鸟鸟巢长约 16.5 厘米，细小的巢口，位于"葫芦把"上。因为是用韧性很强的马尾吊在空中，巢口所在的"葫芦把"弯曲平伸，这样就巧妙地避开了雨水。

105

用兽毛缝纫编织而成的巢，还能防寒保暖。此外，吊在空中的巢，使对鸟儿和鸟雏垂涎的毒蛇也无计可施。

缝纫鸟的巢中，铺有许多长长的棕毛，缠绕着雏鸟的腿爪，使小鸟不能爬出巢外。即使大风将鸟巢吹得倒转一百八十度，雏鸟也安然无恙。

就按其形状，用剪刀简单地加工一下，就制成一双小巧、样式奇特的小毡靴，给还未学步的幼童穿上。

缝纫鸟的巢，实为鸟巢之精。

• 织布鸟

属雀形目，织布鸟科，有 70 个不同的品种。大多数织布鸟吃种子，尤其是草籽，但也有吃虫子的。它们会在树干上跳上跳下，在树皮中找虫子吃。一年中，除了在繁殖季节，雄鸟有着鲜艳的羽毛。其他时

缝纫鸟编织成的巢，像一个带把的葫芦，又像蒙古族婴儿脚上的小靴子。若从远处望去，颇像一盏精致的小灯笼悬挂在绿荫深处。

有时草原上的蒙古族牧民也偶尔采集灵雀遗弃的巢，拿回家后，大人、小孩子欣赏一番。因为它是用兽毛缝纫编织的，

间里，雄鸟和雌鸟都呈暗褐色。它们在有树木的地方生活，并在树上筑巢。织布鸟是鸟类乃至动物中最优秀的纺织工。常常活动于草灌丛中，营群集生活，常结成数十以至数百上千只的大群。织布鸟的特色在于它们能够用草和其他植物编织出它们的窝来。主要分布于非洲热带和亚洲。

织布鸟大小似麻雀，嘴强健；第1枚飞羽较长，超过大覆羽。

织布鸟主要活动于农田附近的草灌丛中，性活泼，主要取食植物种子，在稻谷等成熟期中，也窃食稻谷。繁殖期兼食昆虫。在繁殖期中，常数对或10余对共同在一棵树上营巢。巢呈长

107

翅，向雌鸟炫耀。当巢织成之后，雄鸟会在入口处炫耀它那黄色或是红色的羽毛，希望能吸引雌鸟。雌性鸟一般在一旁充当监工的角色。雌鸟对"婚房"的品质十分挑剔。如果雌鸟不满意，雄鸟就会自动拆除辛勤织起来的吊巢，并在原处重

把梨形，悬吊于树木的枝梢，以草茎、草叶、柳树纤维等编织而成。每窝产卵 2—5 枚。卵纯白色。

雄鸟负责筑巢。首先，它用草根和细长片的棕榈叶织成一个圈，再不断添进材料，一直到织成一个空心球体，然后再加上一个长约 60 厘米的入口就算完成了。

雄鸟编织吊巢的过程中时不时倒吊展

新设计和编织一个更精巧的吊巢。如果这次博得了雌鸟的赞许，它们便订下了终身大事，共同布置装点"新房"。雌鸟从入口钻进去，用青草或其他柔韧的材料装饰内部，在巢内飞行通道的周围，雌鸟还特意设置了栅栏，以防止鸟卵跌出巢外。一切工作结束之后，雌鸟便在巢内安然地产卵、孵化、照料孩子。

织布鸟的亚种很多。产于非洲西南部的社交鸟，其巨大的公有巢常高达 3 米，一般筑于金合欢属大乔木上，内含 100 个以上的独立巢室，巢底有许多开口。产于非洲中部低地雨林的卡森织布鸟以长棕榈叶条筑成悬巢，巢有向下延伸逾 60 厘米的宽广入口。产于非洲稀树草原，有时成为农业害鸟的红嘴织布鸟，据报道，其巢群覆盖了数平方公里的树，巢群中藏着数百万只鸟。一般产于潮湿多草区的寡妇鸟，其编织之巢入口在侧面。维达鸟属的维达鸟则为群居寄生性鸟，它们将卵产于他种织布鸟的巢内，并由他种织布鸟为其哺育幼雏。

鸟类趣闻

喷雾鸟 >

在秘鲁的目不库尔林园，有一种会"洒云喷雾"的小鸟——"喷雾鸟"。这种鸟形似黄莺，但比黄莺还要小，当它受到强禽猛兽侵犯时，能喷出一种绿色的"鸟液酸雾"，将强禽猛兽驱走，保护自己。喷雾鸟有这种特殊的技能是因为它的腹囊里有一种绿色的液体，这种液体经过口腔喷出来，在空气里便会蒸发成一种白雾。每只鸟所含的液体可以喷上1小时的雾，而且每当液体喷射完了，经过10—15天，喷雾鸟又会在腹下液囊里制造出液体来。

据说16世纪初，西班牙殖民军侵占目不库尔时，当地居民和他们展开格斗，正当寡不敌众时，林园里飞来一群"喷雾鸟"，向着西班牙殖民军喷出了大片大片的白雾。西班牙殖民军以为是中了埋伏，纷纷后退，目不库尔人一举反击，打了一个大胜仗。因此当地居民也称它们为"胜利鸟"。

鸟类智商排行榜 〉

  我们的身边充满了各式各样的排行榜, 这股风气甚至波及自然界中的鸟儿。一群来自不同国家的鸟类学家曾联合发表了一份研究报告, 认为脑袋大的鸟儿也许更加聪明, 因为它们更能适应新环境。

• 大头鸟儿更聪明

这个国际鸟类研究小组由来自不同国家的科学家共同组成，成员包括来自西班牙巴塞罗那大学的丹尼尔·索尔，来自加拿大麦基尔大学的路易斯·勒费布尔，以及来自英国、新西兰等国的鸟类专家。

这些科学家们针对世界各地观鸟爱好者所提供的报告进行了一番研究，通过调查 1967 种鸟类的大脑后得出了以下的结论：与脑袋较小的鸟儿们相比，脑袋较大的鸟儿更能适应新环境，更易产下后代。值得注意的是，科学家所称的脑袋大，指的是脑袋占身体的比例较大。按照他们的标准，鸵鸟的脑袋算是小的，而鹦鹉的脑袋则算是大的。

为了调查鸟儿们如何适应新环境，专家们还研究了 600 多份鸟儿迁入新居住地的案例，其中涉及了近 200 种不同鸟类。案例甚至包括有 19 世纪从欧洲引入北美的欧洲八哥的生活纪录。科学家们发现，那些脑袋较大的鸟类在搬家后确实能比脑袋较小的鸟类活得更好。

智商排名：鹦鹉的智商并不太高

科学家们把这份调查报告发表在美国《国家科学院学报》上。勒费布尔认为，这份报告证明了此前的假说。他表示："整体而言，我们的结果为这种假说提供了充分证据，即鸟类的脑袋变大是为了应对环境的变化。"

报告出版前，研究人员还发表了一份鸟类智商指数指南，给鸟儿们的智商来了个大排名。指南表明，包括乌鸦、松鸦等在内的鸦科鸟类是最聪明的鸟儿，它们要比其他种类的鸟儿聪明得多。此外，在聪明鸟儿排行榜上位居前列的还有鹰、啄木鸟、苍鹭。而在排行榜上位居末位的则是山鹑、北美鹑、鸸鹋、鸵鸟这几种脑袋比较小的鸟类。

许多鸟儿都比人们想象的聪明：秃鹰能分辨出雷区。勒费布尔曾在美国科学促进协会召开的会议上公布了自己的研究发现，他同时还发表了一些能证明鸟类智商的案例。这些案例表明，许多鸟儿都比人们想象得聪明。

津巴布韦的秃鹰能通过地雷区周围的栅栏将雷区分辨出来，然后它们便站在这些栅栏上以逸待劳地等待。当其他动物不小心闯入雷区送命后，便成为了秃鹰们的食物。勒费布尔在接受路透社记者采访时表示：秃鹰们会在这些带刺的铁丝网上待着，等待地雷阵为它们送上炸羚羊。

而日本乌鸦则善于利用人类的力量。这些乌鸦常常将自己无法咬开的坚果放在繁忙的十字路口上，等待经过的车辆替它们将坚果壳压烂。这些聪明的乌鸦居然也对交通规则无师自通，必要时，它们甚至会利用红灯以及人行横道，以在繁忙的交通中保证自身的安全。

此外，许多资料还证明山雀的学习能力极强。英国的送奶员常常把鲜奶放在订户门前的阶梯上，而这些爱唱歌的小鸟们通过仔细观察，居然学会用喙啄开牛奶瓶上的金属箔，在主人取奶前先把牛奶尝个饱。

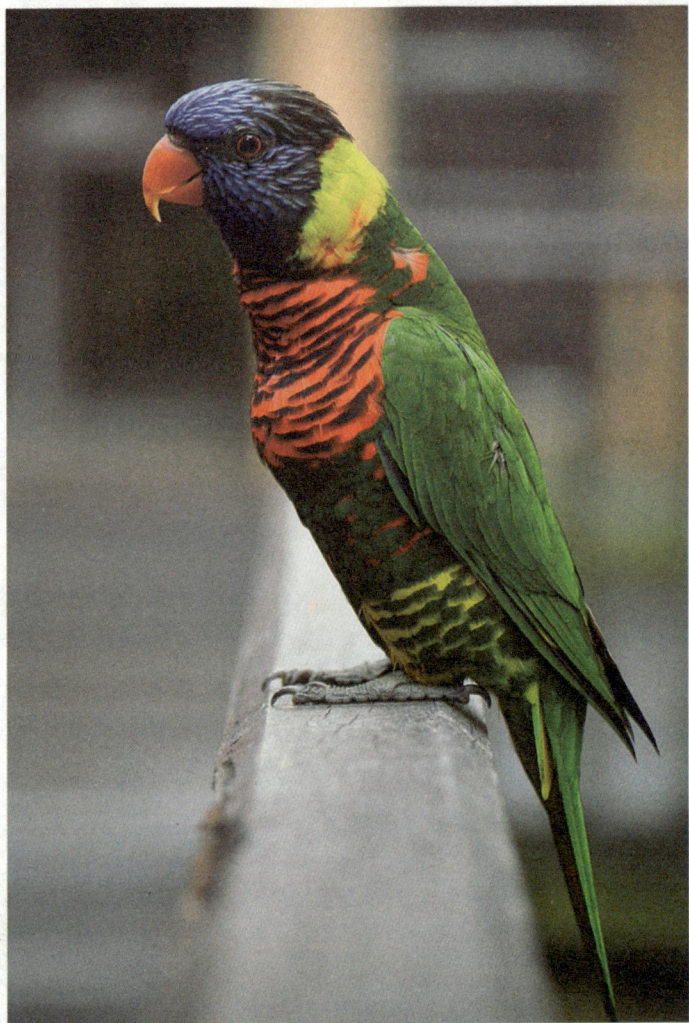

鸟打狼 ❯

在非洲布隆迪农村里，常有成群的灰狼袭击家畜，危害很大。当地农民饲养一种会打狼的鸟，这种鸟的舌头具有很强的弹性，能将150克的石块弹射到五六十米远的地方，打得灰狼四处逃窜。奇怪的是这种鸟弹射的石子只打灰狼，因此，当地人都管这种鸟叫打狼鸟。

为什么这种鸟只打狼而不打其他动物？有人说是它们讨厌灰狼的气味；也有人说它们和猫狗一样是天生的冤家。猜测很多，但一直也没有一个能让大家信服的答案。后来有一名教授发现并解答了这个问题，他就是西拉西耶。

西拉西耶教授为了破解这个问题，带着他的学生，深入到打狼鸟和狼聚集的大草原进行实地观察。经观察发现，打狼鸟并非遇灰狼就打，而是有时候打，有时候不打，况且它们之间根本没有直接冲突，观察研究陷入了困境。一次，他们观察到一只灰狼正在偷吃白嘴鹰蛋，白嘴鹰蛋是草原灰狼最爱吃的东西。白嘴鹰发现后，绝望地嘶叫，但毫无办法，

不一会儿便离开了，西拉西耶和他的学生们静静地看着这头狼。就在这时，天空中出现一阵嘶鸣，是刚才的那只白嘴鹰回来了，巧的是它带来了一只打狼鸟，打狼鸟不容分说，衔起石头，射击那只狼，狼被打得无处躲藏，那只白嘴鹰则停在一高处，看着这一幕。

目睹了这一幕，西拉西耶一拍大腿，立刻对学生说，你们再看到打狼鸟打狼的时候，一定要观察四周有没有白嘴鹰。后来，经过数次观察证明，打狼鸟打狼的时候，四周的确有一只白嘴鹰。西拉西耶终于解释出了打狼鸟打狼的原因：原来是在帮助白嘴鹰出气。这也与前期观察打狼鸟遇到狼时有时打有时不打的现象不谋而合，如果没有白嘴鹰的求助，打狼鸟是绝对不会打狼的。

鸟的生殖储备力 ﹥

　　雌鸟下蛋，通常每窝总是同样的数目——知更鸟下3—5枚，燕子下5—6枚。如果有些蛋被拿走了，鸟类会再下几个蛋来补充。雌鸟在这种情况下所特有的"生殖储备力"，几乎令人难以置信。20世纪60年代，一家名叫《海鸥》的杂志记载了一位鸟类学家的观察记录：一只啄木鸟，巢里的蛋给人拿得只剩下1个，这样每天偷走它的蛋，这只不屈不挠的啄木鸟，在73天里居然下了71个蛋。

鸟也爱环保 〉

几乎所有的飞鸟都有一定的"植树"本领。因为鸟们大多衔食各种植物的种子和果实，所以它们就像风一样成了天然的播种机。不过，与大多数飞鸟相比，卡西亚却能称得上是"植树造林专业户"。

20世纪70年代，秘鲁大旱，首都利马的北部一片荒芜，且土地贫瘠，那里从没有人去种植过树木。但三年过后，人们却发现那里出现了大片大片的甜柳树林。经过考察，这些树林的种植者，是一群叫卡西亚的鸟儿。

卡西亚长得有些像乌鸦，黑黑的羽毛，白白的脑袋，长长的嘴巴。有所不同的是，它的叫声清丽婉转。

土壤里。

甜柳树枝很容易生长，要不了几天工夫，就会生根，几个月以后，就长成一米多高的小树，两三年后，便长成大树。成群的卡西亚聚在一起啄食甜树叶，一起插枝，年复一年，地上冒出了大片大片葱绿的树林。

卡西亚是如何种树的呢？原来，它们非常喜欢吃当地生长的甜柳树的叶子。它们在啄食甜柳树之前，总是先把树的嫩枝咬断，衔着枝叶飞到地上，再用嘴在地上挖个洞，将嫩枝插进洞里，然后慢慢地啄食着树叶。嫩叶吃了，甜柳树枝被留在土壤里。

于是卡西亚深受当地群众的爱护，被尊称为"植树鸟"，谁也不准捕捉它。卡西亚鸟的"无心插柳"换来了秘鲁的大片绿色，真称得上是绿化秘鲁的功臣。

最勤奋的父母 ＞

　　雄鸟和雌鸟抚养子女时，觅食的技术十分高明。幼鸟食量大得惊人，24小时内，常常要吃掉超过其本身体重的食物。一位观察家曾仔细统计过一只雌鸫鹟从黎明到黄昏觅食的次数达1217次。鸟类父母可谓是父母中的典范。

鸟儿灭火 ＞

在我国的西双版纳地区，有一种模样像乌鸦的鸟。别看它们貌不惊人，却是森林的"义务消防员"。若是某处山林失火了，这种鸟便会唤来成千上万只伙伴，它们纷纷向火势最猛烈的地方吐出唾液以覆盖火势，然后奋力地用喙啄和翅膀扑打残火。火被扑灭后，这种鸟便会四处寻找受伤或失散的伙伴。有趣的是，受伤的鸟经同类的唾液涂抹后，伤口会很快愈合。

而在拉丁美洲的尼加拉瓜，一种全身乌黑、肚像大瓶子的灭火鸟更加厉害。它们平时聚在海滩上捕食，一旦发现大火，便迅速"出警"，从嘴里喷出特殊黏液火火。灭完火之后灭火鸟的像瓶子一样挂在前面的大肚子不见了，灭火鸟的像大瓶子的大肚子里其实装满了液体，这液体是一种很好的灭火材料。还有，灭火鸟救完火，不能马上开口说话，一说话，它们的大肚子就再也鼓不起来了。

科学家研究发现：这种鸟体内有个专门制造灭火素的"灭火囊"，每天可产生扑灭20平方米火源的灭火素。而这种浓烈的灭火素就混合在鸟的唾液内，使原本平常的口水变成了高效的灭火剂。

124

神奇的鸟类迁徙 >

引起鸟类迁徙的原因很复杂，一般都认为这是鸟类的一种本能，这种本能不仅有遗传和生理方面的因素，也是对外界生活条件长期适应的结果，与气候、食物等生活条件的变化有着密切的关系。候鸟对于气候的变化感觉很灵敏，只要气候一发生变化，它们就纷纷开始迁飞。这样，可以避免北方冬季的严寒，以及南方夏季的酷暑。气候的变化，还直接影响到鸟类的食物条件。例如，入秋以后，我国北方大多数植物纷纷落叶、枯萎，昆虫活动减少，陆续钻入地下入蛰或产卵后死亡，数量锐减。食物的匮乏促使以昆虫为食的小型鸟类不能维持生活，只有迁徙到食物丰盛的南方，才能很好地度过冬天，而以昆虫和小型食虫鸟为猎捕对象的鸟类也随之南迁。

天气的好坏、风向、风力的大小等均对鸟类的迁徙有较大的影响，较为适宜的是晴朗的天气，并有风力为3—5级的顺风。但春季迁徙的一部分鸟类，有时由于繁殖期的临近而急于赶到繁殖地，因此即使在十分不利的气候条件下，也会克服困难，继续迁飞。

更令人称奇的是，鸟群在迁徙时竟然能够飞行得十分协调，时而向左，时而旋转，时而如万马腾空跳跃，蔚为壮观。这种现象自从古罗马博物学家皮里尼首次对大雁等鸟类作过观察记录以来，已经被人们研究和探索了20个世纪，但至今仍众说纷纭，莫衷一是。目前趋向于三种解释：其一是"节能"说，根据"空气动力学"或"跑道"原理，鸟类在作"V"字形飞行时，把翅膀放在其他鸟类飞行时所产生的气流之上，就可以节约大约70%的能量，这对躯体比较笨重的大雁类来说是至关重要的；其二是"信息"

说，在鸟类群飞时，常有一只或几只有经验的领头鸟带路，领头鸟可以为鸟群提供食源、水源等的可靠信息；其三是"安全"说，认为大群鸟类集合在一起的时候，要比单独一只或仅有数只鸟的情况更容易发现敌害，因为在鸟群飞行或栖息时，只要其中有一只鸟发现敌害，它就会很快将这个信息以一传十、十传百的方式传递给所有的鸟，鸟群就会立即采取应急的对策，或者迅速逃跑，或者一起鸣叫，将敌害吓退。

许多鸟类有一种本能，即所谓"返巢本性"，这种本性反映出它们对于自己的出生地的眷恋，以及寻找旧居的能力。它能帮助鸟类在第二年繁殖季节，顺利地返回旧巢。有人曾捕获一只雕鸮，13年后，这只获得了自由的鸟儿竟回到了离故址不到2000米的地方。鸟类从千里之外定向识途的本领，一直是神奇的大自然的奥秘之一。它们靠什么来决定航向？北极星？太阳？月亮？风？气候？还是地磁？它们的方向意识又是从何而来的？这始终是自然界中一个使人百思不得其解的谜。科学家通过环志、雷达、飞行跟踪和遥感技术等方法测到，鸟类在飞行时，往往主要依靠视觉，通过天空中日月星辰的位置来确定飞行方向。此外，地形、河流、雷暴、磁场、偏振光、紫外线等，都是鸟类飞越千里不迷航的依据。最近的研究还表明，鸟嘴的皮层上有能够辨别磁

场的神经细胞，被称为松果体的神经细胞就像脊椎动物对光的感觉器官一样起着重要作用。对哺乳动物和信鸽进行的多次电生理学试验表明，部分松果体细胞能对磁场强弱的微小变化作出反应。

一般认为，在白昼迁徙的鸟类是根据太阳来定位的，夜间迁徙的鸟类迁徙是根据星空定位。另有一种观点认为，鸟类拥有适应于空中观察的敏锐视力。在开阔的环境中，人类的视野半径为9.6千米，而在2000米的高空飞行的鸟类视野为100千米，它们能牢记熟悉了的广大地区的特征作为方向标志，为其从繁殖地向越冬地迁徙往返起到了关键性的作用。

鸟类的迁徙绝非轻易之举。通常飞越一个宽阔的海面和高大的山脉后，其体重会减轻一半，大批当年出生的幼鸟在迁徙途中或到达迁徙终点后都难逃夭折的命运。在迁徙的途中来不及觅食、骤起的风暴、浩瀚的水域等等，无时无刻都在吞噬着这些生灵。同时迁徙时间的早晚也蕴藏着危机，太早意味着北方的生活环境还被冰雪覆盖，过晚则会遭遇暴风雨的危险，而且还有无数人为的干扰。高大建筑物、无线电天线、灯塔与烟囱、与飞机相撞等等，都潜伏在鸟类漫长的迁徙途中。

图书在版编目（CIP）数据

天空的主人：鸟的故事/张玲编著. —长春：北
方妇女儿童出版社，2015.7（2021.3重印）

（科学奥妙无穷）

ISBN 978-7-5385-9346-4

Ⅰ.①天…　Ⅱ.①张…　Ⅲ.①鸟类—青少年读物
Ⅳ.①Q959.7-49

中国版本图书馆CIP数据核字（2015）第146842号

天空的主人：鸟的故事
TIANKONGDEZHUREN：NIAODEGUSHI

出 版 人	刘　刚
责任编辑	王天明　鲁　娜
开　　本	700mm×1000mm　1/16
印　　张	8
字　　数	160 千字
版　　次	2016 年 4 月第 1 版
印　　次	2021 年 3 月第 3 次印刷
印　　刷	汇昌印刷（天津）有限公司
出　　版	北方妇女儿童出版社
发　　行	北方妇女儿童出版社
地　　址	长春市人民大街 5788 号
电　　话	总编办：0431 - 81629600

定　　价：29.80 元